迷宫

THE MAZE

[英]安格斯·海兰　肯德拉·威尔逊　著
[法]蒂博·赫拉姆　绘
黄萌　译

Angus Hyland & Kendra Wilson　Illustration by Thibaud Herem

目 录

简 介
5

A

阿尔及尔
Algiers
7

阿尔提瑟尼兹
Altjessnitz
8

亚 眠
Amiens
11

阿克维尔
Arkville
13

C

韦伦堡
Castlewellan
18

沙特尔
Chartres
21

查茨沃斯
Chatsworth
23

舍农索
Chenonceau
25

志奋岭
Chevening
27

卡金顿绿色庭院
Cockington Green
29

科宁布利加
Conímbriga
30

B

巴尔巴里戈
Barbarigo
15

博尔赫斯
Borges
16

D

迪拜
Dubai
32

E

伊利
Ely
35

F

弗哈马
Folhammar
37

弗洛金
Fröjel
38

G

盖蒂
Getty
41

朱斯蒂
Giusti
43

格拉斯顿伯里
Glastonbury
44

格伦德根
Glendurgan
47

总督宫
Governor's Palace
49

皇家农场
Granja
51

H

汉普顿宫
Hampton Court
52

哈特菲尔德
Hatfield
55

赫恩豪森
Herrenhausen
56

赫弗
Hever
59

奥尔塔-吉纳多
Horta-Guinardó
60

黄花阵
Huanghuazhen
63

J

朱利安凉亭
Julian's Bower
65

K

科洛尼霍夫
Koloniehof
66

L

天涯海角
Lands End
69

利兹城堡
Leeds Castle
71

隆德巴克
Lindbacke
72

里希卡
Lithica
75

郎利特
Longleat
76

莱福顿
Lyveden
80

M

马尔堡
Marlborough
82

马索内
Masone
84

谜思迷宫
Mismaze
87

莫顿
Morton
89

N

纳斯卡
Nazca
90

新和谐
New Harmony
95

P

帕福斯
Paphos
97

巴黎
Paris
99

皮萨尼
Pisani
100

庞贝
Pompeii
103

S

萨弗伦·沃尔登
Saffron Walden
104

圣贝尔坦
Saint-Bertin
107

圣维塔莱
San Vitale
109

美泉宫
Schönbrunn
111

闪灵
The Shining
113

西尔维奥·佩利科
Silvio Pellico
115

圣阿格尼丝
St Agnes
116

施华洛世奇
Swarovski
119

T

忒修斯马赛克
Theseusmosaik
121

U

乌斯伽利玛
Usgalimal
123

V

范·布伦
Van Buuren
124

维纳斯
Venus
127

比斯卡亚
Vizcaya
128

W

韦克菲尔德
Wakefield
131

韦恩
Wing
132

词汇表
135

参考文献
作者简介
致谢
137

简 介

有一种浪漫叫作迷路，走进花园里的树篱迷宫不失为一种自我放逐。不同于在荒野中迷路，你无论在这样的迷宫中多少次误入歧途，终会得救。而迷阵就是另外一回事了，它只有一条路：无论这条路有多么一波三折，你都不需要做出任何选择。脚下的道路会把你带到迷阵中心，再回到出发点，一切都向你展露无遗。

迷宫（maze）和迷阵（labyrinth）有什么区别？有一个现成的答案可以回答这个问题："走进迷宫是为了迷失自我，而走进迷阵是为了找到自我。"如果我们假设所有的迷阵都是神性的或者宗教性的，用这个定义来区分两者就非常实用了。可惜关于这个话题的任何问题都不简单或直接；一如迷宫，它迂回曲折，让人感到困惑。首先，在不列颠群岛上发现的草皮"迷宫"其实是迷阵，而希腊神话中牛头怪米诺陶（Minotaur）的迷宫虽然名为"迷阵"，但如果没有神奇线团，是绝对走不出来的。

归根到底，区分迷宫和迷阵并不重要，因为这两个词都意味着一种抽象的旅程。正如19世纪以来我们常挂在嘴边的那句话，旅程本身才是最重要的。19世纪的作家罗伯特·路易斯·史蒂文森（Robert Louis Stevenson）曾经写道："我踏上旅途不是为了抵达任何地方，而是为了走出去。"在这个崇尚娱乐的年代，世界各地建造了越来越多的迷宫。虽然英语里的迷宫有两个词（其中，maze一词源自盎格鲁-撒克逊语中代表"吃惊，着迷"的单词），但罗曼语族里每种语言只有一个描述迷宫的词（法语的labyrinthe、意大利语的labirinto和西班牙语的 laberinto）。基于这种情况，我们可以尽情使用同义反复的表达方式：迷人的迷宫。[1]

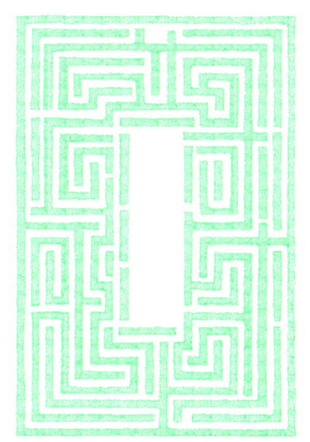

长期以来，迷宫在视觉上的繁复诡谲一直吸引着作家、艺术家和电影制作人（也许其中最著名的是电影《闪灵》，见左图和第114—115页）。从苏格兰以西的群岛到美国西南部，人们在世界各地的古代雕刻中都发现了古典的七重迷阵，它有时也会在自然地形上凸显出来（格拉斯顿伯里迷宫，见第46—47页）。当我们看到安迪·戈德斯沃西（Andy Goldsworthy）和理查德·朗（Richard Long）等大地艺术家对新石器时代的遗迹进行再创作时，也不必感到惊奇（朗的作品《锡尔伯里山》[Silbury Hill，1970—1971年]，用展厅地板上的环形土路代表锡尔伯里山路的长度）。不谋而合的是，大约一个世纪以前，建筑师乔治·吉尔伯特·斯科特爵士（Sir George Gilbert Scott）将伊利大教堂塔楼的高度反映在了他为教堂地面设计的迷阵的路径长度中（见右图和第36—37页）。

本书展示的迷宫，无论是真实还是想象，都可以让你不需要实地考察，就可以在纸上轻松探索。当然，最理想的还是两者兼顾，这样比起中世纪的朝圣者，你会更像一个幸福的享乐主义者。要知道，在迷宫中放逐自我时，你可以面对恐惧放声大笑，摒弃世外的喧嚣。

---

[1] 原文为amazing maze，amaze和maze有相近的字母组合，但含义不同。（除特殊标注，全书页下注均为编者注）

这幅罗马马赛克拼贴中的阿里阿德涅之线指引我们进入一个字母迷阵，这些字母包含一则清晰的基督教信息：圣堂。

阿尔及尔
Algiers

阿尔及利亚，阿尔及尔，圣心大教堂
马赛克拼贴 | 公元 324 年

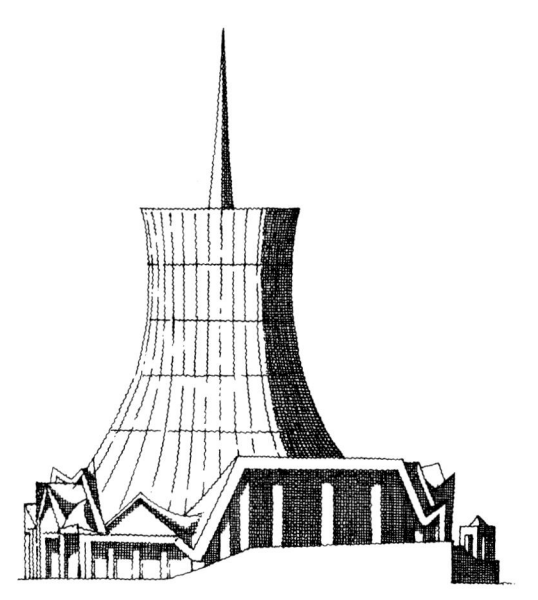

世界上已知最古老的教堂迷宫位于阿尔及尔
超现代主义的圣心大教堂里

迷宫的想法源自异教徒，与众神和怪物密不可分，直到约公元 324 年。那一年瑞帕塔大教堂在北非建成。这座教堂地面上的马赛克拼贴虽然看上去是古罗马风格，但有着基督教的内核，这一混搭设计是世界上已知最古老的基督教教堂迷宫。传教方法和传教内容一样重要，在介绍陌生的概念时运用人们熟知的媒介会更有效。因此，这座迷宫有四个象限，甚至也有阿里阿德涅之线，但是这条线并没有带人进入人兽大战的古老传说[1]，而是指向了全新的中心：圣堂（Sancta Ecclesia）。

在现代人眼中，这座迷宫的中心看起来就像一个填字游戏。它很明显是回文结构，可以从任意方向阅读。Sancta 这个词的 S 位于十字架的中心。迷宫的位置非常明确，它的入口对着大教堂的门口，因此上教堂的人们的目光会被直接吸引到迷宫的中心。而在中世纪，迷宫的入口通常对着祭坛的方向。

阿尔及尔的马赛克拼贴迷宫保存在让人目眩神迷的现代主义建筑圣心大教堂里。这座建筑建于 20 世纪 50 年代。在 1843 年出土后，迷宫的原址由于盗抢和地震逐渐遭到破坏。人们在瑞帕塔大教堂的西侧发现了迷宫，这座教堂位于古罗马时期的廷吉塔纳姆城，这座城市后来改名为奥尔良市，又叫阿尔-奥斯纳姆，现在是谢里夫省，距离阿尔及利亚首都阿尔及尔 195 千米。大教堂建于《米兰敕令》（Edict of Milan，公元 313 年）签署十年后，《米兰敕令》是西罗马的皇帝君士坦丁（Constantine）和东罗马的皇帝李锡尼（Licinius）共同签署的一项允许在罗马帝国全境自由礼拜的协议。然而到公元 324 年，他们就开战了。

---

1 在古希腊神话中，忒修斯（Theseus）前往克里特岛上的迷宫，试图杀死被关押在迷宫中心的米诺陶。克里特的公主阿里阿德涅（Ariadne）给了忒修斯一个珠宝串成的线团，让忒修斯不会在迷宫中迷路，这就是阿里阿德涅之线（Ariadne's thread）。

阿尔提瑟尼兹
Altjessnitz

德国,阿尔提瑟尼兹,阿尔提瑟尼兹公园
鹅耳枥(*Carpinus betulus*) | 18世纪30年代

谷物、农业和丰收女神刻瑞斯守卫着迷宫的入口

阿尔提瑟尼兹是德国最古老的原创迷宫。它经历了两次世界大战依然幸存,尽管它所在的城堡没能保住。17世纪90年代以来这里一直属于冯·恩德家族,第二次世界大战之后被收为国有,在1946年不幸被烧毁,30年后被彻底拆除。这座迷宫有着2米高的植物墙(用铁丝网加固,防止人们强行穿过),代表当下与建造它的巴洛克时代之间的文化联系,尽管它的设计比巴洛克更古老。

路德教会牧师约翰·佩瑟尔(Johann Peschel)是1597年出版的《花园守则》(*Garten Ordnung*)的作者。几百年后的英国牧师们往往忙于在他们宽敞的教区花圃里种植植物,与他们不同,佩瑟尔牧师对设计更感兴趣,他认为一个好花园的规划必须从设计图纸开始。这本书分为三部分,中部专门阐述迷宫,囊括了"各种各样优雅和有趣的迷宫"设计。这些设计直到18世纪30年代仍然被人们使用,当时居住在阿尔提瑟尼兹的男爵尼古拉斯·利奥波德·冯·恩德(Nicolaus Leopold von Ende)让他的法国园丁建造了一个配得上他男爵身份的迷宫(阿尔提瑟尼兹只是他拥有的五座庄园之一)。

希腊的大地和丰收女神刻瑞斯(Ceres)的雕像标志着迷宫外墙的唯一出口。她可能是花园遭破坏的遗物,因为迷宫不需要她象征的大地丰收和子孙昌盛。这座迷宫设计精巧,在1854年翻修过,迷宫路线略有调整。迷宫中心是一座木制观景台,让人们有机会登高观察,寻找更快捷的路线,即使这样也不一定能找到出口:这座迷宫有200条抵达中心的路,因此也有200条走出迷宫的路。如果迷宫是生活的隐喻——一座建于文艺复兴时期的迷宫当然也不例外,那么成功走出去并不是迷宫的"目标"。正如但丁(Dante)在《神曲·炼狱篇》(*Inferno*)中所言,人生就是一场迷路之旅。

0 5 10 20 30 40 米
0 10 20 40 60 80 英尺
N

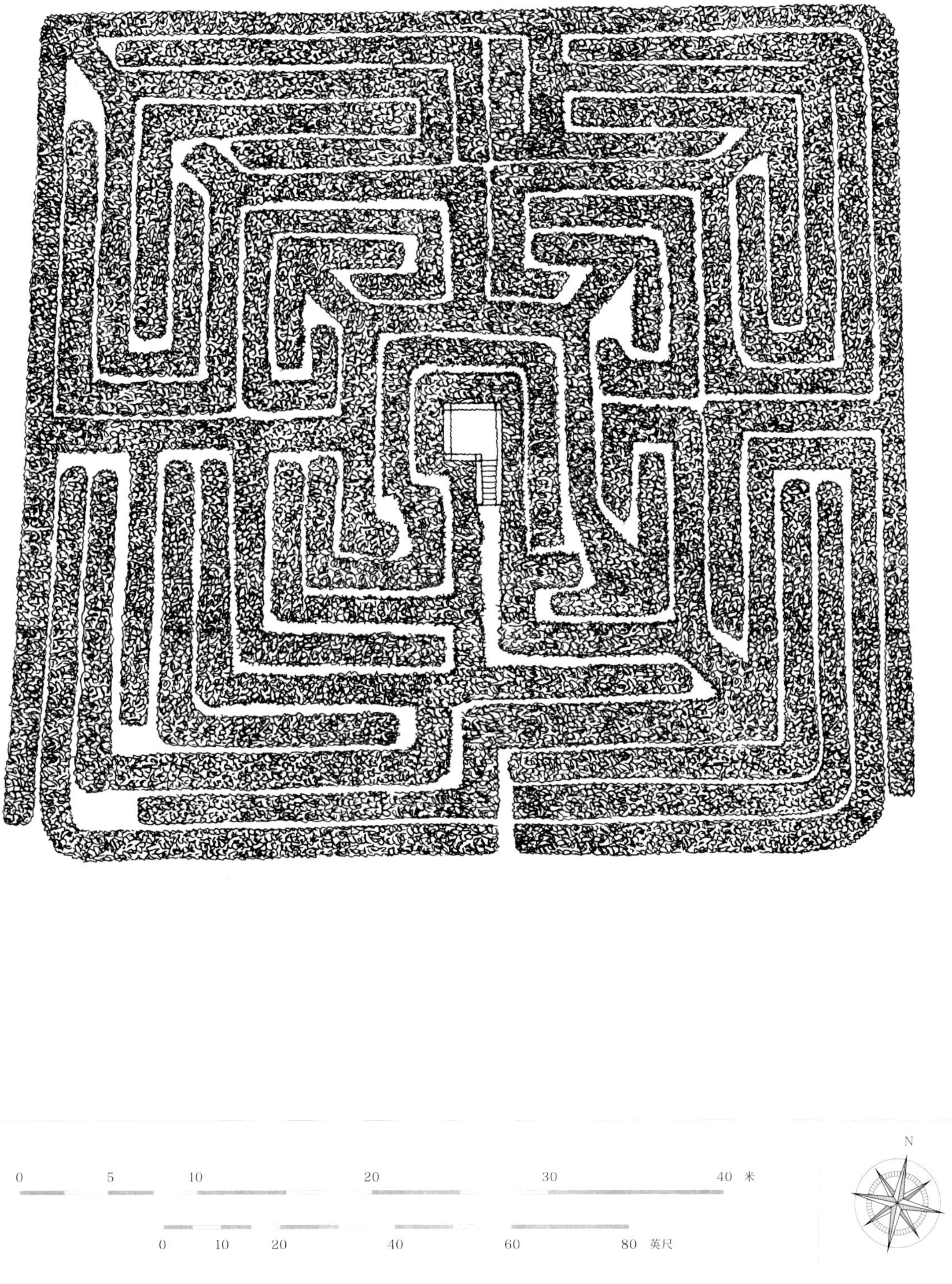

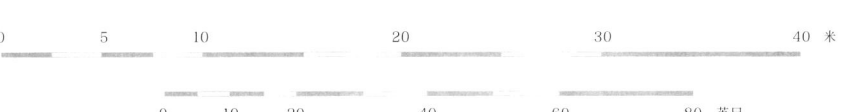

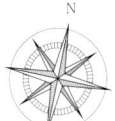

0　　　1　　2　　　　4　　　　　6　　　　　8　　　　10 米

0　　2　　4　　　　8　　　　12　　　　16　　　　20 英尺

亚 眠
Amiens

法国，亚眠，亚眠大教堂
黑白大理石地砖 ｜ 1288年

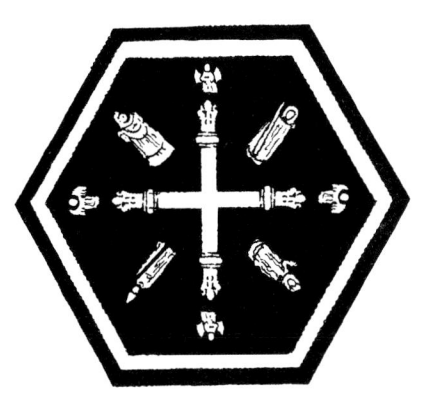

亚眠大教堂的建筑师和主教
在1288年建造的迷宫中心的石头上永垂不朽

亚眠大教堂的建造时间相对较短，只有大约50年，但它被认为是无与伦比的哥特式风格盛期的杰作，后世建筑的榜样。它的建筑资金筹自人们对"施洗者约翰之头"的崇拜，更确切地说应该是他的头骨（现已丢失），这颗头骨由十字军从君士坦丁堡带到亚眠。1288年，新教堂的地面竣工，几何图形装饰覆盖了教堂中殿的整个地面，建筑师和主教的形象在令人眼花缭乱的黑白迷宫中心永垂不朽。当迷宫于1827年被毁时（我们今天看到的是复制品，在1894年到1897年间用新材料建造），他们的不朽被简单粗暴地破坏了。亚眠迷宫也被称为"代达罗斯之家"，它和其他类似作品的根源都是古希腊神话，致敬克里特岛上无法攻破的迷宫的建造者——早期的古典建筑师代达罗斯（Daedalus）。

法国大革命发生之前，教堂的不少地面已经被损毁，革命期间和之后又遭到进一步破坏。迷宫具有异教元素，不仅与古典神话有关。已故的赫尔曼·克恩（Hermann Kern）在他的学术性著作《穿越迷宫：五千年来的设计和意义》（*Through the Labyrinth: Designs and Meanings Over 5000 Years*）中提出了这样一种想法，法国北部的几座大教堂（包括亚眠、桑斯和欧塞尔）会利用迷宫在复活节时举办宗教性舞蹈仪式。令人惊讶的是，牧师和院长都会参与进来，牧师扔球[1]，院长唱歌。球象征太阳或耶稣，也许两者兼有，而舞步遵从行星的运动轨迹。

从美学的角度来看，亚眠大教堂地面上的几何图案特别有冲击力，从教堂中殿的迷宫开始向外辐射，和苦修可不沾边，可见克恩的论证很有说服力。他动摇了几个世纪以来人们认为教堂迷宫是用来自我鞭挞的观点。作为朝圣之旅最后的惩罚，朝圣者在教堂里用膝盖磨擦着地面，跪着前进，他认为这种说法是在18世纪杜撰出来的。在这种情况下，即使是当代改良派思想也没能拯救这些地面装饰。

---

[1] 原文如此。据考证，法国北部的几座教堂都曾在复活节举行过类似的仪式。神职人员沿迷宫围成一个圈，仪式结合了扔球与舞蹈，通常被认为具有异教背景。

0 2.5 5 10 15 20 米
0 5 10 20 30 40 50 英尺
N

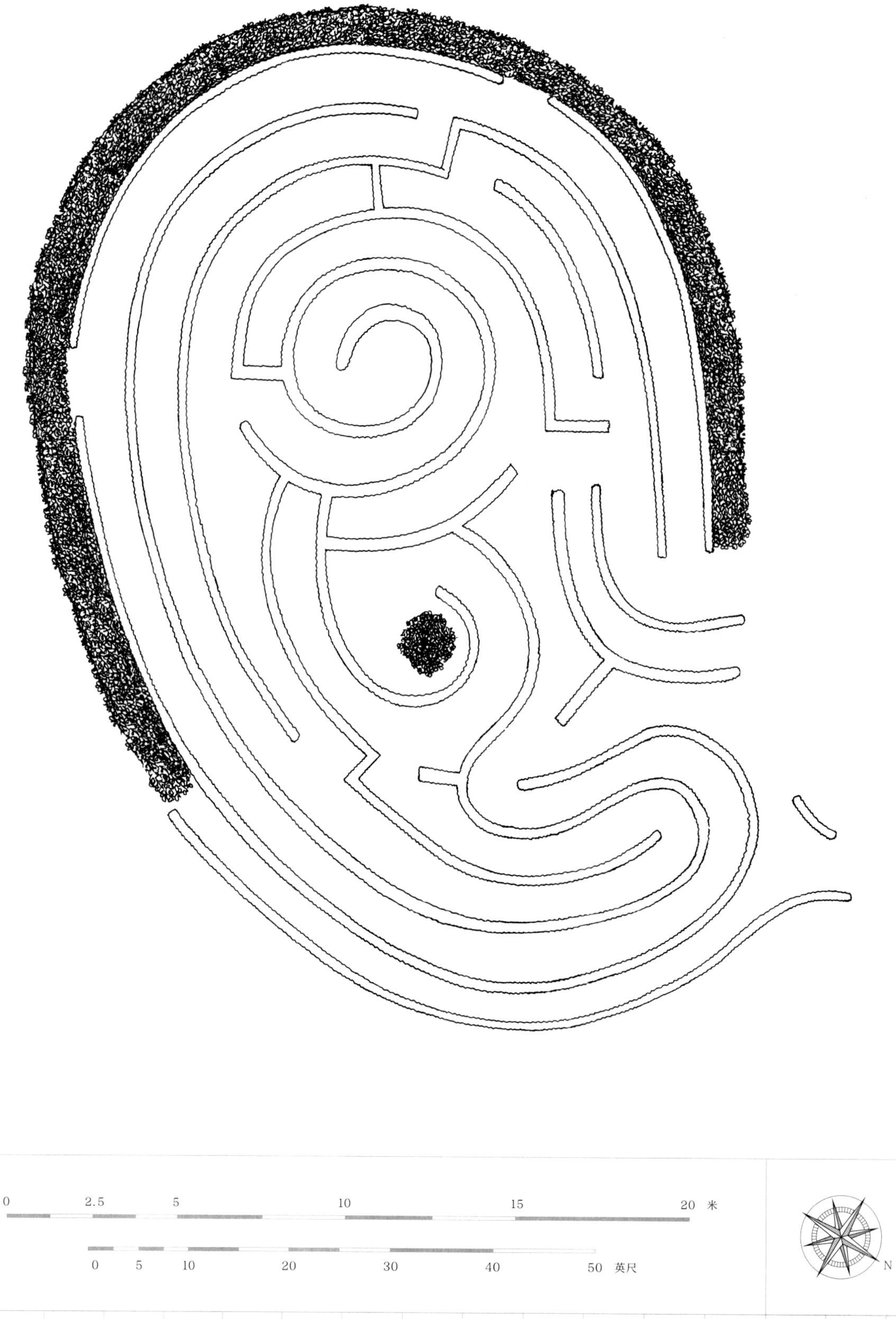

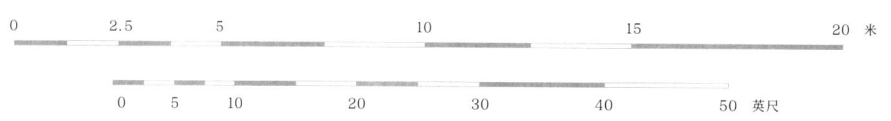

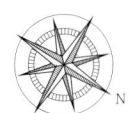

阿克维尔
ARKVILLE

美国，纽约州，特拉华县，阿克维尔，埃普夫庄园
砖石 ｜ 1968—1969年

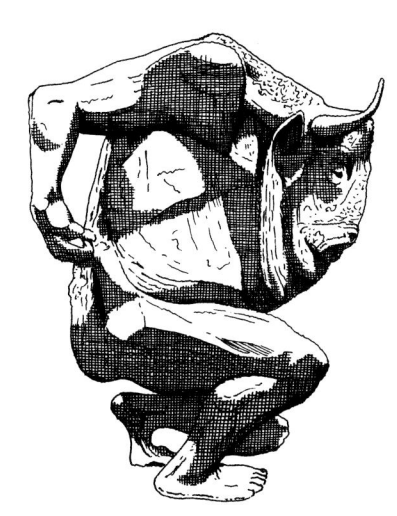

迈克尔·艾尔顿的青铜雕塑"阿克维尔的米诺陶"，
位于卡茨基尔山迷宫的两个中心之一

尽管米诺陶是流传最广、经久不衰的古典传说，催生了无数艺术作品，但米诺陶本身的形象却很模糊，大多数故事着重于描绘他异乎寻常的生存处境。罗马诗人维吉尔（Virgil）含糊地暗示了米诺陶是女王和公牛的"混血孩子"，是不能言说的爱情的产物。几千年后，法国作家安德烈·纪德（André Gide）让米诺陶的形象鲜活了起来，尽管非常简短：忒修斯（Theseus）在拔剑出鞘的一刹那看见了这个美丽而愚蠢的生物。

迷宫中最悲惨的人物当属大名鼎鼎的迷宫建筑师代达罗斯。他也被关在这座监狱里，为了带着他苦命的儿子伊卡洛斯（Icarus）一起逃跑，他们唯一的选择只有飞出去。如果说关于米诺陶的细节描写过少，那么关于代达罗斯的描述就过于丰富。他是非凡的艺术家，制造了各种各样的美丽事物：他是达·芬奇（Leonardo da Vinci），是米开朗基罗（Michelangelo），是威廉·莫里斯（William Morris），是阿尔瓦·阿尔托（Alvar Aalto），兼具许多艺术家的才华。对英国艺术家迈克尔·艾尔顿（Michael Ayrton，1921—1975年）来说，代达罗斯是另一个自我和终生的灵感来源。作为一名雕塑家、作家和播音员，艾尔顿并不认同人应该只做好一件事的观点。1967年，他为代达罗斯代笔的获奖虚构自传《迷宫制造者》（*The Maze Maker*）引起了美国出版商和金融家阿曼德·埃普夫（Armand Erpf）的注意，埃普夫委托艾尔顿为自己建造一座迷宫。迷宫就建在纽约卡茨基尔山脉的一片林中空地上。

和代达罗斯的迷宫一样，这座迷宫的围墙高且坚固，高达2.4米。弯弯曲曲的道路可能受到动物内脏的启发（内脏是祭祀仪式的副产品，米诺陶的故事就始于献祭给海神的公牛）。迷宫是半地下的，越靠近中心的部分越深。有趣的是：这座迷宫有两个中心，一个是假的，一个是真的。真的中心放置了一座青铜雕塑"阿克维尔的米诺陶"，后来人们做了一些复制品。假的中心放着代达罗斯和伊卡洛斯的雕像，也是用青铜铸造的，周围布置了一些铜镜。镜子反射的多重影像旨在突出伊卡洛斯的多重性格和他早夭的悲惨命运。

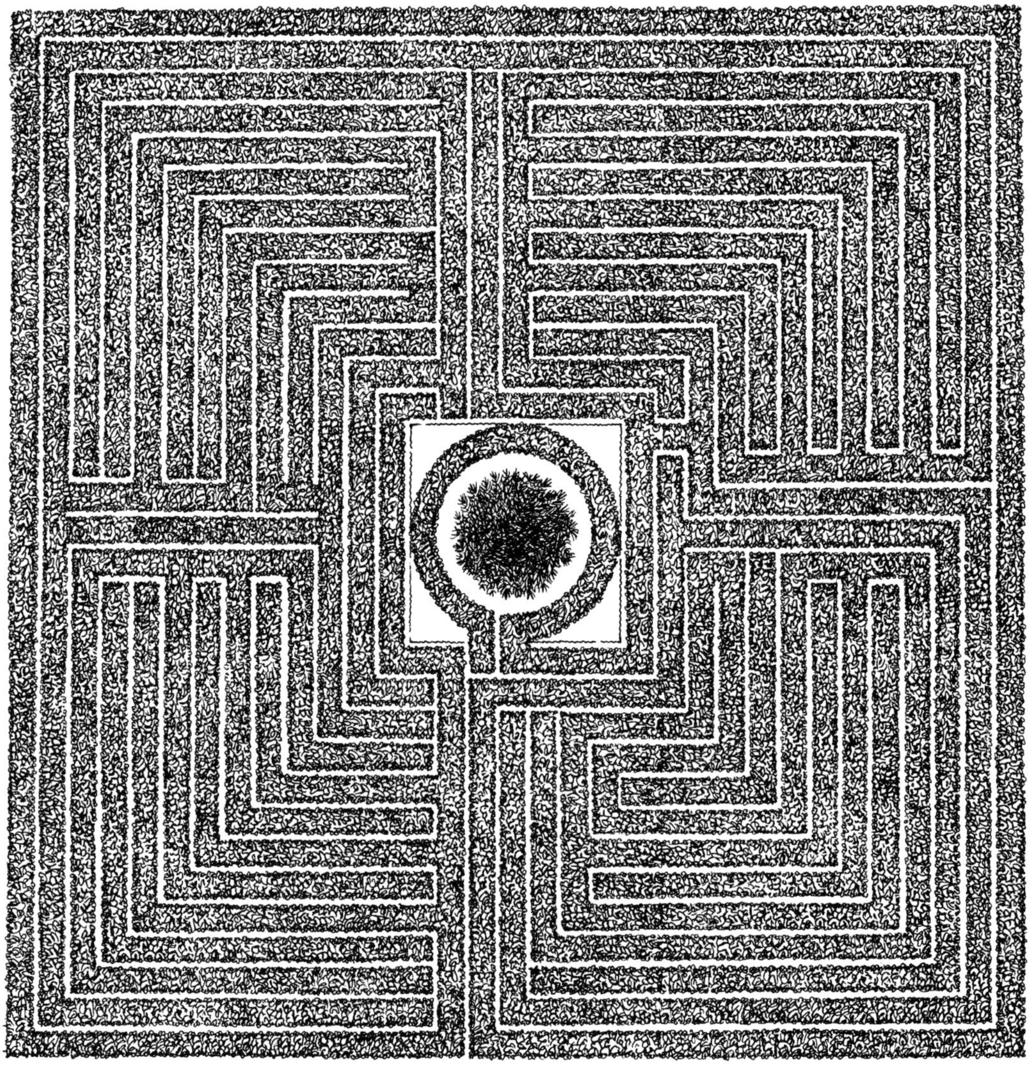

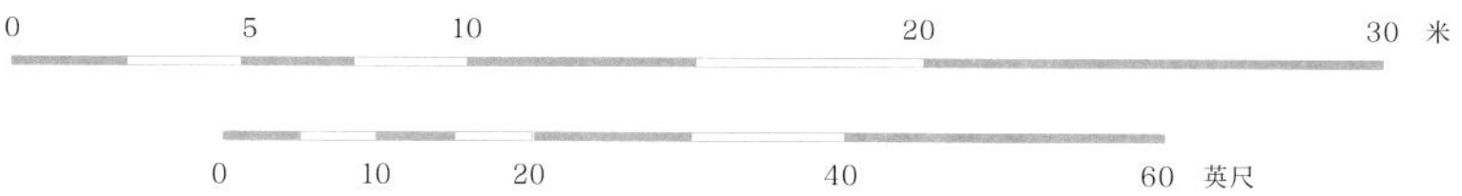
0 5 10 20 30 米
0 10 20 40 60 英尺

N

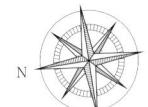

巴尔巴里戈
BARBARIGO

意大利，帕多瓦，沃尔山齐彼欧，巴尔巴里戈庄园
锦熟黄杨（*Buxus sempervirens*） | 1665—1666年

沃尔山齐彼欧的庄园是强大的巴尔巴里戈家族的乡间别墅，
可以从威尼斯乘船到达

巴尔巴里戈庄园中的花园是有序对称的典范，其中气势恢宏的大道和精心修剪的树篱，呈现了一场17世纪的视觉盛宴。这是意大利巴洛克风格最为狂妄和热衷恶作剧的时代；花园中有一些小把戏，比如喷泉突如其来地喷发，打湿毫无戒备的游客。

兄弟俩共同负责改造巴尔巴里戈家族庄园，这项工作持续了35年。在花园之外，他们的人生轨迹却迥然相异：格雷戈里奥（Gregorio）是一位虔诚的教士（后来被封为圣徒），而安东尼奥（Antonio）是一位政治家。在这个充满象征意义的花园里，他们俩截然不同的风格随处可见，玩世不恭战胜了阴沉的寓言。古老的异教符号与当代天主教元素在一座精妙绝伦的黄杨迷宫中融为一体。

花园中雕刻着许多谚语作为装饰品，其中之一写着"这里是天堂，这里是地狱"。迷宫同时包含这两种意味，笔直的线条（用金属框加固）使迷路之人愈加紧张。在1987年出版的《意大利庄园的花园》（*Gardens of the Italian Villas*）中，马雷拉·阿格内利（Marella Agnelli）将这个特殊迷宫的矛盾精神定义为"人类错误和偏离理性之路的象征"，同时也是"对放纵和放荡的邀请"。分裂的个性是分析这座迷宫的关键所在。

除了天堂和地狱，沃尔山齐彼欧也有炼狱，即一座兔子岛。如果文艺复兴时期和文艺复兴之后的花园反映了人类成就与自然力量之间的关系，一个关着动物的人工岛则表现了大自然对人类的绝对臣服。这里有一个古怪的洛可可式鸟笼形状的兔舍，里面养着用来吃的兔子，兔子岛周围的护城河勾勒出美丽的边界，其中养着美味的鱼。模仿奥林匹斯山上的众神，凡人也能随意抓住这些无处可逃的生物，然后吃掉它们。

**这座坚固的、令人生畏的迷宫要归功于两兄弟，
一个是政治家，另一个后来成为圣徒。**

博尔赫斯
BORGES

意大利，威尼斯，圣乔治马焦雷岛，博尔赫斯迷宫
锦熟黄杨 | 2011年

威尼斯的圣乔治马焦雷岛上的前本笃会修道院是第二座博尔赫斯迷宫的所在地，
这座迷宫是阿根廷版本的复制品

建造博尔赫斯迷宫的想法源自设计者的一个梦。在成为现代最具想象力的迷宫学家之前，兰道尔·科特（Randoll Coate，1909—2005年）是一名英国外交官，曾在第二次世界大战中做情报工作。在20世纪50年代，他被派往布宜诺斯艾利斯，在那里，他的艺术家朋友苏珊娜·邦巴尔（Susana Bombal）把他介绍给作家豪尔赫·路易斯·博尔赫斯（Jorge Luis Borges）。这位阿根廷作家的兴趣和研究方向使科特产生了强烈的共鸣，这直接影响了他退休后成为一名迷宫设计师的职业规划。

《小径分岔的花园》（The Garden of Forking Paths）是博尔赫斯最著名的短篇小说之一，收录于1962年出版的《迷宫》（Labyrinths）。小说主人公破解了一位显赫的先祖留下的令人费解的谜题，这位先祖淡出公众视野，写了一本书并建造了一座迷宫。主人公顿悟"书和迷宫是一样的"，科特便据此设计了迷宫。这座迷宫的轮廓像一本打开的书，两边的内容差不多对称。科特第一次见到博尔赫斯的时候，博尔赫斯的双眼已经失明。所以这座迷宫有个独一无二的特点：迷宫内所有的导览牌都使用布莱叶盲文，为有视力障碍的人带来更好的游览体验。

因为梦见博尔赫斯去世，科特联系了邦巴尔，希望在还能得到作家本人的祝福的时候，就创造"真正的博尔赫斯式"的东西进行紧急讨论。毫无疑问，它必须是迷宫，它也成了科特最引以为傲的杰作。第一座博尔赫斯迷宫建于2003年，就在邦巴尔的葡萄园，这里曾是一个艺术沙龙，现在是阿根廷圣拉斐尔的一家精品酒店——杨树林小屋。此后，博尔赫斯的追随者们在世界各地复制类似的迷宫，威尼斯圣乔治马焦雷岛上的这座迷宫是2011年科特去世后兴建的。

为了向盲人作家博尔赫斯致敬，
迷宫内放置了用布莱叶盲文书写的导览牌。
后来人们在威尼斯复制了这座迷宫。

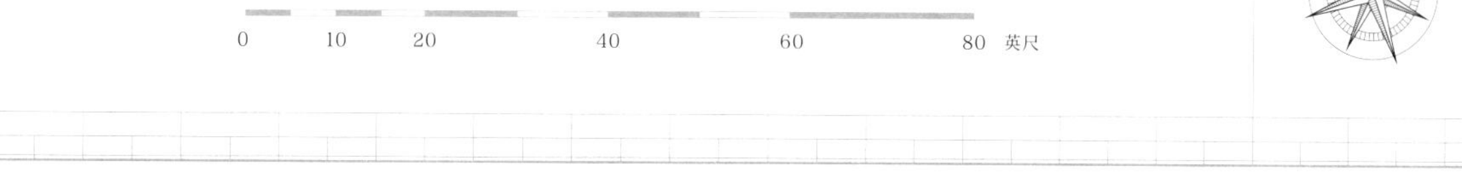

| 0 | 5 | 10 | 20 | 30 | 40 米 |

| 0 | 10 | 20 | 40 | 60 | 80 英尺 |

韦伦堡
CASTLEWELLAN

北爱尔兰，唐郡，韦伦堡森林公园，韦伦堡和平迷宫
欧洲紫杉（*Taxus baccata*） | 1998—2000年

作为一个旅游目的地，北爱尔兰或许无法与爱尔兰共和国相提并论，但它们其实在同一座岛上，北爱尔兰也有独特的山脉、海滩和森林。唐郡就位于两地的边界，风景优美，树木葱茏的莫恩山脉矗立在爱尔兰海滨。这一神奇的地形激发了贝尔法斯特人C. S. 刘易斯（C.S. Lewis）的想象力：这座大山成了《纳尼亚传奇》（*Chronicles of Narnia*）的背景。即使他永远地离开北爱尔兰，前往牛津，故乡的景色仍然在他的脑海中盘桓不去。"我是多么渴望看到雪中的唐郡，"他满怀乡愁，"简直希望能看到一队小矮人跑过去。"

一如在牛津不可能看到小矮人，被刘易斯抛在故乡的亲人们也不会魔法。为了回避阿尔斯特地区[1]的政治问题，刘易斯以熟悉的家乡为背景创造了一个幻想中的新世界，他毫不掩饰地在他的传奇故事中驱逐了结党营私的政客，并用"我自己选的人"取而代之。1963年，刘易斯去世，五年后，"骚乱"[2]真的发生了，此后很长一段时间里，山峦的平静壮美只能在小说中缅怀。

1998年，英国政府和爱尔兰政府在大山脚下的韦伦堡森林公园的树篱迷宫中签署了《耶稣受难日协议》[3]。迷宫往往用曲折迂回的线路传递简单的象征意义，而和平迷宫

在《耶稣受难日协议》签署之地，
隔墙低矮，道路宽阔，这象征着交流沟通没有障碍。

韦伦堡位于北爱尔兰莫恩山脉的边缘，
建于19世纪50年代，属于苏格兰男爵风格[4]

通过其他设计元素来传递信息，比如中央分界线和位于中心的大钟。要想成功走完迷宫，必须穿过中央分界线，而最终敲响和平钟时，人们会感到心满意足。迷宫的隔墙低矮，道路宽阔，这象征着交流沟通没有障碍。入口处的标志这样写道："祝你好运，玩得开心。""请记住，千里之行，始于足下。"

1　阿尔斯特位于爱尔兰岛东北部，是爱尔兰的历史地区，其下有九个郡，唐郡即其中之一。
2　"骚乱"（The Troubles）指始于1968年在北爱尔兰地区发生的长期暴力活动，持续时间长达三十年。1998年，英国政府和爱尔兰政府签署《贝尔法斯特协议》（Belfast Agreement），中止了该冲突。
3　即《贝尔法斯特协议》，因其签署于1998年4月10日（耶稣受难日）又称《耶稣受难日协议》（Good Friday Agreement），该协议是北爱尔兰和平进程的一座里程碑。
4　一种19世纪哥特式复兴的建筑风格，复兴了中世纪晚期和近代早期苏格兰历史建筑的风格。

沙特尔迷宫中心的玫瑰花形状与大教堂北立面、
南立面和西立面的大玫瑰花窗遥相呼应

沙特尔
Chartres

法国，沙特尔，沙特尔圣母主教座堂，耶路撒冷之路
酱色石和青石 | 1200—1220年

沙特尔迷宫是基督教的经典之作。自1200年以来，它的设计都是欧洲教堂迷宫的基础，直至今日仍然是复兴迷宫的蓝图。玫瑰花形状的中心图案被十一重回路和单一路径环绕。几乎合拢的圆被分为四个部分，十字形的中心代表耶路撒冷。大教堂是中世纪朝圣之旅的热门目的地，也是耶路撒冷的完美替代。人们普遍认为，作为朝圣的尾声，必须在迷宫里转圈，最好是跪着走完。

大教堂迷宫有着各式各样的名字，沙特尔的迷宫被称为"耶路撒冷之路"。早期这座迷宫也叫"代达罗斯之家"，我们据此发现了一件奇怪的事：明明是基督教大教堂，但地面中心竟然有米诺陶的形象。尽管这个形象来自希腊和罗马神话，但异教形象在传播基督教思想方面很有用，因此它没有被早期的天主教会轻视。

祈祷的忏悔者一直在与其他游客争夺沙特尔的迷宫。哪怕在17世纪中叶，沙特尔的教士们也对这座著名迷宫带来的干扰感到绝望，他们说这对"闲着没事干"的人来说是一种"疯狂的娱乐"。大教堂内的喧嚣在开放时段永不停歇。它成了朋友和家人聚会的地方，孩子们在迷宫不可抗拒的诱惑下把这里当成游乐场，跑来跑去。近些年，覆盖迷宫的椅子通常在大斋节和万圣节之间的每周五被拿掉，迷宫在仲夏节正式开放，人们可以随意走动。

> 在17世纪中叶，沙特尔的教士们称迷宫对"闲着没事干"的人来说是一种"疯狂的娱乐"。

0 5 10 20 30 米
0 10 20 40 60 英尺

N

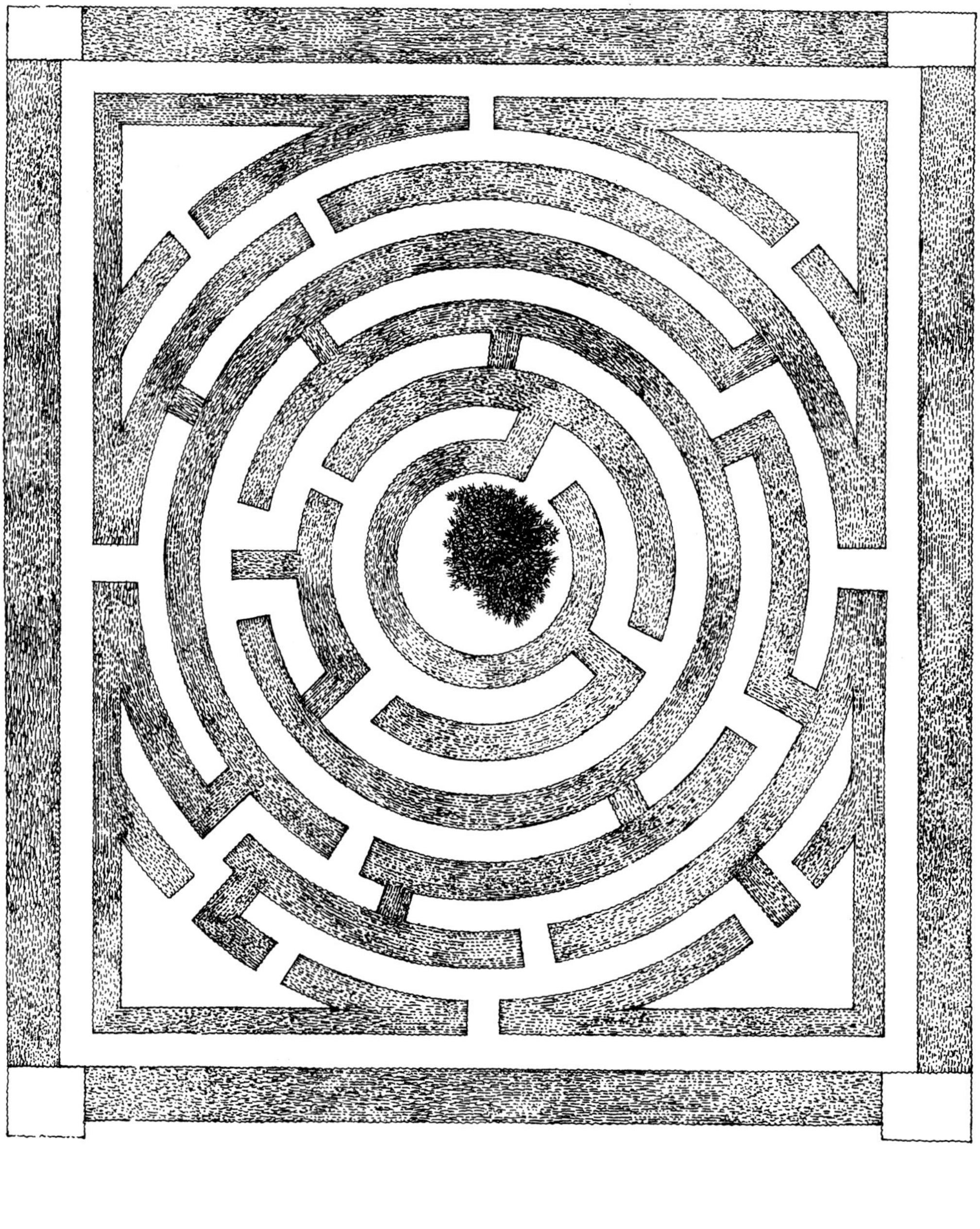

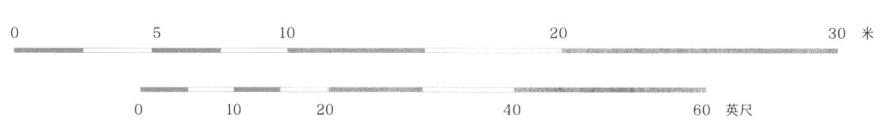

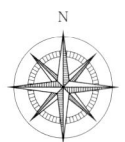

查茨沃斯
CHATSWORTH

英国，德比郡，贝克韦尔，查茨沃斯庄园
欧洲紫杉 | 1962年

"万物终有一死。"（Memento mori）
查茨沃斯迷宫中心的垂枝梨树，
在2013年暴雪后死亡

花园迷宫的位置常有深意。在德比郡著名的查茨沃斯庄园，迷宫周围是一圈石头花坛，仿佛别有用心地建于花园中央。实际上，总计1,209棵的一排排紫杉从花园建造之初就种下了，用来填补园中过于空旷的景色。

迷宫周围的矮墙是原来大温室地基的一部分，1916年，由于无法负担高昂的维护费用，大温室被炸毁。大多数园丁都上了战场，在英国的私家温室里种菠萝的日子一去不复返。这座拥有80年历史的温室由约瑟夫·帕克斯顿（Joseph Paxton，他也是水晶宫[1]的建筑师）精心打造，即使数以千计的玻璃窗都碎了，它也没有动摇。爆破持续了两天。从流传至今的一些照片上还能看到，大温室是一座令人惊叹的美丽建筑，它的轮廓是装饰艺术风格。在它被彻底摧毁之后，这个场地被改建为花坛和一个网球场。由于没有得到充分利用，加上老旧的供暖管道，网球场存在的意义只是提醒人们这里曾经的建筑已不复存在。1962年，人们在这片场地上修建了迷宫，那时恰恰是迷宫建设的低潮。

第11代公爵和公爵夫人让他们的主管丹尼斯·费舍尔（Denis Fisher）根据传统（他在查茨沃斯庄园的档案馆里找到一些档案）提出设计方案。这座迷宫在20世纪60年代似乎已经过时，但在大宅子流行起建造茶室和游乐场之前的那些日子里，它相当成功。精心修葺的土路很快被石子路取代，因为土路没有考虑下雨的天气。已过世的德文郡公爵夫人黛博拉（Deborah）在《查茨沃斯的花园》（The Garden at Chatsworth，1999年）一书中回忆，人们抱怨"泥泞会毁了鞋子"。残破的道路增加了走到中心的难度。直到最近，迷宫中心的唯一标志都是一棵垂枝梨树冒出紫杉树墙的树冠，但是现在已经看不见了。

---

[1] 水晶宫（The Crystal Palace）是1851年在伦敦举办的首届世界博览会的展览馆，以钢筋和玻璃为主要建筑材料。

**精心安排的树篱隔断，用来遮挡花园的
"累累伤痕"——用炸药炸毁温室的遗留。**

这个最近修葺一新的迷宫表达了对王后精致品味的敬意，凯瑟琳·德·美第奇，她被一些人蔑称为"那个意大利女人"。

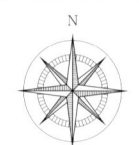

舍农索
CHENONCEAU

法国，卢瓦尔河谷，舍农索，凯瑟琳·德·美第奇迷宫
欧洲紫杉 ｜ 约1720年

迷宫的终点是一座木制凉亭，略微高于地面，站在上面可以看得更清楚

舍农索城堡的历史一直由女性主宰，它以一种不可思议的浪漫姿态横跨卢瓦尔河。城堡最著名的主人凯瑟琳·德·美第奇（Catherine de'Medici）在桥上建造了优雅的画廊，完成了死对头迪亚娜·德·普瓦捷（Diane de Poitiers）的计划。当迪亚娜还是国王亨利二世（Henry II）的头牌情妇时，舍农索城堡是法国的权力中心。与此同时，亨利的妻子凯瑟琳和他们的孩子被安置在下游的昂布瓦兹。年轻的国王比武受伤身亡后，他的情妇不得不告别这里的桥梁、城堡和她的花园。凯瑟琳·德·美第奇的时代到来了，她有很多改造这座城堡的想法。

舍农索的迷宫被称为意大利迷宫，因为它是为凯瑟琳（即卡特莱纳）建造的。凯瑟琳出身于佛罗伦萨最显赫的家族，这个家族诞生了数位银行家和教皇。她本人是一位伟大的艺术赞助人，又与一个颇具文化底蕴的家族联姻；她的公公弗朗索瓦一世（Francis I）曾经在昂布瓦兹为风烛残年的莱昂纳多·达·芬奇提供庇护。尽管她在丈夫的有生之年没有什么作为，但在丈夫去世后，她不得不走到幕前，先是作为摄政王执政，后来辅佐了三个儿子加冕为法国国王。

在凯瑟琳去世后，波旁王朝势微，权力中心转移到了巴黎近郊的凡尔赛宫。舍农索一直靠女性手中的财产维持，轮到男性掌权后，舍农索也开始萧条。最终，凯瑟琳的宝藏被卖掉，她的许多雕像都被运到了凡尔赛宫。舍农索现在的迷宫是2016年修复的，它向王后精致的品味致敬，她曾经被自己的子民无情地称为"那个意大利女人"。一组四根古典女像柱曾被凯瑟琳的继承人（一位19世纪的女继承人）藏在灌木丛后，如今则作为布景安置在迷宫中，被树木包围，可以从中央的木制凉亭上俯瞰。

| 0 | 2.5 | 5 | 10 | 15 | 20 米 |

| 0 | 5 | 10 | 20 | 30 | 40 | 50 英尺 |

N

志奋岭
CHEVENING

英国，肯特郡，赛文奥克斯，志奋岭庄园
欧洲紫杉 | 1818—1830年

这座被节俭的"公民"斯坦霍普忽视多年的花园，
终于在他挥金如土的儿子手中重新焕发生机

几个世纪以来，你只要稍有迷宫知识，都很容易走出树篱迷宫。你只需一只手贴着内侧墙壁一直走，就能走到中央。但是，19世纪20年代，科学、数学和考古学世家斯坦霍普家族建造了自己的迷宫，这个方法从此失灵。志奋岭庄园的紫杉迷宫并没有按常理出牌，有些紫杉墙没有与中心相连，这就是"岛屿"迷宫的由来。这种颇有难度的迷宫更为有趣，志奋岭迷宫好比一段永无止境的旅程。

1816年，查尔斯·"公民"·斯坦霍普（Charles 'Citizen' Stanhope）去世后不久，迷宫就建了起来。这位斯坦霍普家的第三代伯爵是法国大革命的坚定支持者，也是一个不折不扣的民主派。他取消了孩子们的继承权。为此他将儿子们留在家里，放弃了送他们进入伊顿和牛津读书的特权。一个儿子后来当了铁匠；本该是继承人的菲利浦（Philip），在同父异母的姐姐海斯特·斯坦霍普夫人（Lady Hester Stanhope，一位具有开拓精神的考古学家）的帮助下逃往德国。在那里，他很快就培养起对精致文化生活的兴趣。

菲利浦最终继承的庄园已无人问津，所以新伯爵在重振庄园的时候打算建一个游乐园。这个家族具有政治、科学和数学方面的深厚底蕴，并且对艺术有着浓厚兴趣。菲利普和他成为历史学家的儿子（也叫菲利普）把这些兴趣结合起来，设计了这个狡猾的迷宫。今天，志奋岭被英国外交部用作恩惠之家[1]，每年会因慈善活动开放几次。顺便提一下，解开这种迷宫的秘诀是一开始用老办法，但是一旦发现离中心越来越远，就换一只手。

---

1 恩惠之家（grace-and-favour home）指由英国王室提供的福利住宅，居住者不必支付租金。

**19世纪20年代，数学世家斯坦霍普家族设计了
隐藏式"岛屿"篱笆墙的迷宫，永远地改变了走迷宫的方法。**

0   1   2   4   6   8 米

0   2   4   8   12   16 英尺

N

卡金顿绿色庭院
COCKINGTON GREEN

澳大利亚,堪培拉,卡金顿绿色庭院
草皮 | 1979年

在卡金顿植物园的微缩景观区,
一个迷你风车代表了荷兰风光

卡金顿绿色庭院坐落在澳大利亚首都堪培拉的郊区,颇具英国海滨小镇风情。这个名字的灵感来自英国卡金顿,卡金顿坐落在不列颠群岛西南海岸,号称英国的里维埃拉[1]。由于受到德文郡托基城镇规划的限制,卡金顿是一个主要由茅草屋组成的"小村子",有用来打板球的绿地和庄园。村子里的大宅子卡金顿庭院看起来就像阿加莎·克里斯蒂(Agatha Christie)小说的发生地,说不定真的如此:这位作家年轻时曾经生活在此,还业余客串过戏剧演员。

回到堪培拉,一个重现过去好时光的游乐园自1979年以来一直游人如织,有着描绘英伦风情的微缩景观。除了再现20世纪70年代足球比赛的迷你球场(脱光衣服的迷你运动员从球场上飞奔而过)、猎狐和板球比赛,卡金顿绿色庭院还因其中的35,000株盆栽植物和完美的草地远近闻名。这儿甚至有一个英式草皮迷宫,当然,迷宫完全是真人大小。

在本世纪的大部分时间里,严重缺水都是在澳大利亚生活难以回避的现实,但是卡金顿提醒着人们一个更美好的世界。无论如何都要维护好绿色的草坪和五彩斑斓的花坛;迷宫只容观赏,不能进去。这座迷宫用高尔夫球场上常见的匍匐翦股颖(*Agrostis palustris*)铺设而成。尽管水资源有限,卡金顿仍然享用着地下水和复杂的灌溉系统。这个私人经营的园林非常注重日常维护的经济性。花床被小心地覆盖,迷宫的草皮与它远在英国的同类一样耗费人力,每隔半年需要通风和施肥,日常还需要去除杂草。据称每周都要修剪草皮一次或两次,每次需要10分钟,而修剪边缘需要20分钟。

---

1 里维埃拉(Riviera)在意大利语中的本义是"海岸",引申为阳光灿烂、广受欢迎的海边度假胜地。

**这个澳大利亚游乐园拥有碧绿的草皮迷宫,
忠实还原了20世纪的英格兰。**

科宁布利加
CONÍMBRIGA

葡萄牙,新孔戴沙,科宁布利加遗址
小方砖拼贴 | 公元1—100年

在古代传说中,众神送来的公牛是人类暴行的导火索

对罗马马赛克拼贴艺术家来说,迷宫中的米诺陶形象特别重要:不仅仅因为它是古代传说中的一个强大形象,还因为它给塑造迷宫带来了更多的可能性。它使模块化的迷宫变幻出无穷无尽的形式。比如,这个形状复杂的希腊形象既可以作为整个马赛克迷宫的组成部分,它自身的图案又可以做成一个小迷宫。其他古代符号也可以这样考虑,比如万字符。在葡萄牙北部发掘出来的科宁布利加古城中,有许多生动的地面拼贴画,万字符之家中的一些图案保存完好,没有受到后世文化偏见的干扰[1]。

古希腊米诺陶的故事在科宁布利加的地面上反复出现。米诺陶从一幅马赛克拼贴图案中好奇地向外张望,神似毕加索的蚀刻版画《公牛》,可毕加索比它晚了两千年。在这个设计中,这头具有诱惑力的公牛是迷宫中心的大明星——它是否就是那头惹出一切麻烦的魅力无限的公牛?

简单地解释一下这个"麻烦":海神波塞冬借海浪送给国王米诺斯一头公牛,让他用其献祭。这头公牛是如此完美,以至于米诺斯私藏了它,试图骗过海神。波塞冬的报复是让米诺斯的王后抵不住诱惑,与美丽的公牛发生畸恋并生下一个怪物。米诺斯把这个怪物锁在他的奇迹工程师代达罗斯设计的迷宫之中。而他的另一个儿子——百分百的人类血统——被众神之王宙斯派来的另一头公牛杀害,死在希腊。作为赔罪,雅典国王必须定期贡献七名童男童女供牛头怪享用。一次,雅典王子忒修斯混入献祭的童男童女,在阿里阿德涅的鼎力相助下杀死了这个怪物。

尽管在返回雅典的路上判断失误[2],忒修斯还是成了最著名的古代英雄。凡人战胜怪物的图像对罗马帝国的建造者来说极具吸引力,而科宁布利加的这些画像不太典型。可能在制作这些马赛克拼贴的时代,伊比利亚人已经形成了对公牛的崇拜。

---

1 万字符是一个古老的符号,印度文化、波斯文化、凯尔特文化等都使用过这个符号,但因20世纪纳粹德国使用万字符作为他们的象征,目前很多地方视使用万字符为文化禁忌。
2 忒修斯杀死米诺陶后,和其他人一起乘船返回雅典。他在途中抛弃了阿里阿德涅,忘记升起白帆。他的父亲看到海上的黑帆,以为儿子已死,遂跳海自尽。

这个古老的拼贴迷宫对"怪物"的描绘仿佛带有一丝悲悯——也许意味着公牛崇拜已经开始了。

0　　0.25　　0.5　　　　　1　　　　　　　　　2 米

0　　½　　1　　　2　　　3　　　4 英尺

迪 拜
DUBAI

阿拉伯联合酋长国，迪拜，谢赫扎伊德路，埃尔·鲁斯塔马尼迷宫塔楼
巴西佛得角巴伊亚花岗岩　|　2012年

迷宫建造者们喜欢世界纪录，迪拜的埃尔·鲁斯塔马尼迷宫塔楼是官方认证的世界上最大的垂直迷宫。在这个新世纪以来迅速崛起的城市中，开发商为了与金融区的其他高楼大厦竞争，巧妙地强调了这座塔楼的材质优势。复杂的外立面与光线相互作用，旨在创造流动感和神秘感。为了强调建筑的人性化，选择了各式各样的石头用作建筑材料，而不是常用的玻璃和钢筋。

"我们一直希望塔楼看起来像用一块巨石雕刻出来的。"迷宫塔楼的副主席埃尔·鲁斯塔马尼（Al Rostamani）解释说（他在这个项目上的职称是"迷宫塔楼概念师"）。塔楼选用了一种花岗岩，通过不同的处理方式产生对比效果：在转角处用水刀切割，而墙面经过火烧处理，它们与玻璃栏板的阳台相连。这是一个货真价实的迷宫，由阿德里安·费舍尔设计，而不仅是一个图案，否则也得不到吉尼斯世界纪录的关注。这个迷宫在夜间还会亮灯，它的顶部有一块8米宽的圆形大屏幕，又叫"迷宫眼"，可以照到非常远的地方。

从外形上来看，这个设计非常成功。而作为展示阿拉伯风采的名片，这个设计就不一定成功了，也许这不是有意为之，毕竟这是一个国际大都会中的一栋国际建筑。强调希腊回纹的迷宫设计是保守的古典派，也许它与一个强大帝国的联想并不是一件坏事。在建筑方面，迷宫塔楼看起来奇怪地老气，同时却在标榜它的新颖性。弗兰克·劳埃德·赖特（Frank Lloyd Wright）的话被展示在迷宫塔楼的官网上，他的建筑设计风格完全属于20世纪早期的美国现代主义。赖特沉迷于建筑的身份象征，他的话仿佛在讽刺迷宫塔楼的建造者们所缺失的："我们如果没有自己的建筑，就没有自己文明的灵魂。"

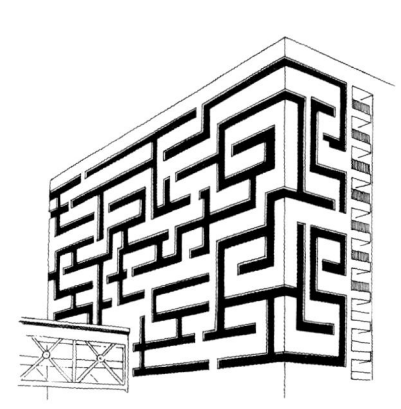

一座桥将迷宫塔楼与另一座迷宫连接起来，
那是一座12层高的地面停车场

这座57层的迷宫与许多阳台相连，
它12层高的停车场又带来了另一座迷宫。

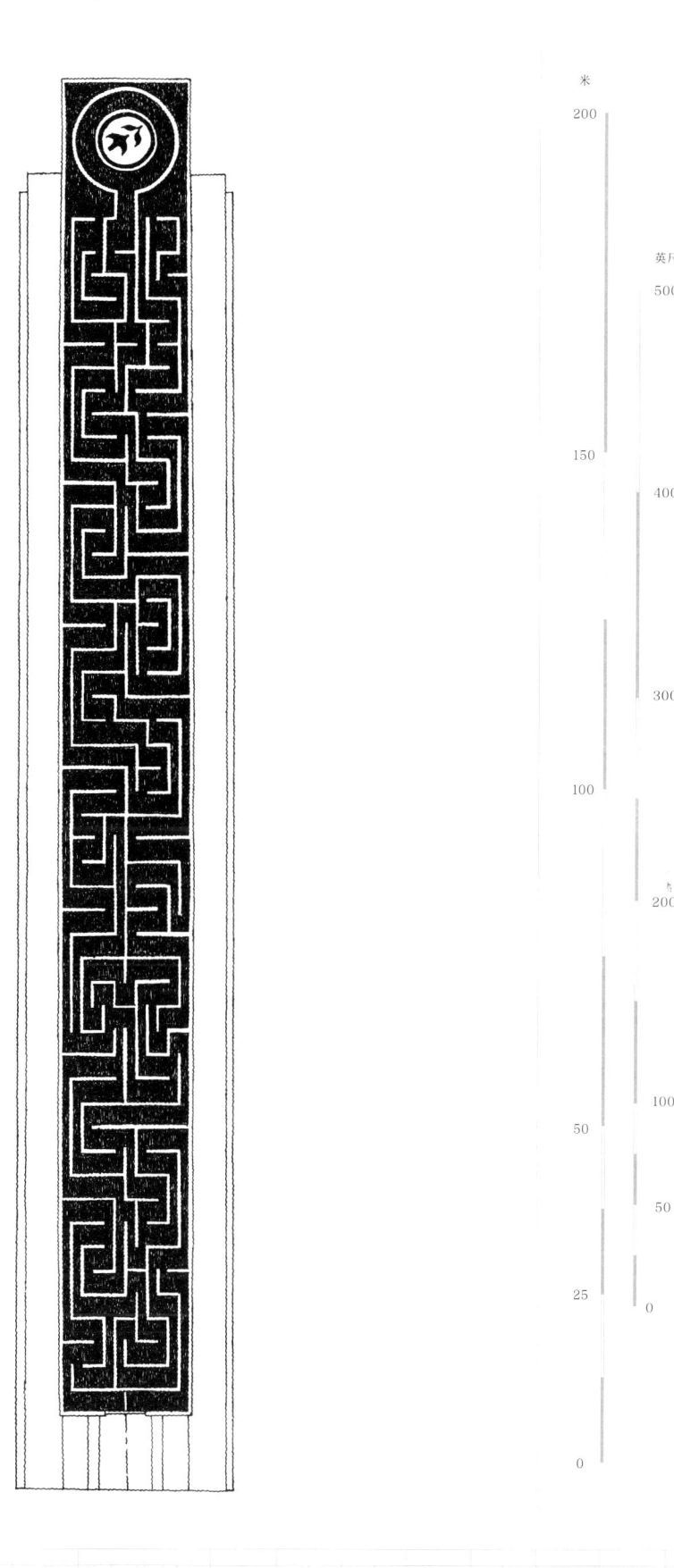

哥特复兴主义者乔治·吉尔伯特·斯科特爵士在修复大教堂时设计了这个地面迷宫；迷宫路径的总长等于其正上方塔楼的高度。

伊 利

ELY

英国，剑桥郡，伊利，伊利大教堂
大理石和石板镶嵌 ｜ 1870年

伊利大教堂在征服者威廉的敕令下建造，
坐落在东盎格利亚一座不起眼的小城中

伊利是一个英国小城，因为一座巨大的教堂而闻名。这里有着一个曾经有机会大展宏图的小城氛围。如今，这座鳗鱼之岛[1]已经不再是一个真正的岛屿；英国内战后，它周围的水域被排干。伊利中世纪的辉煌有赖于它的难以接近；现在它仅仅被孤立了，和这片神秘沼泽的其他地方一样。没有高速公路，也没有高速火车，东盎格利亚的道路不通往东盎格利亚以外的任何地方。

伊利是抵抗征服者威廉（William the Conqueror）最后的阵地之一，最终败于一名与敌人暗通款曲的教士之手。丹麦人来了又走，护城河挡不住他们，但是从1083年开始，诺曼人用一座令人生畏的大教堂宣告了自己在伊利的力量。到19世纪，教堂需要全面修缮。特别是高大的西塔状态最糟糕，它在1322年倒塌了。受人尊敬的建筑师乔治·巴塞维（George Basevi）被召来，他以在剑桥附近建造的菲茨威廉博物馆而闻名。遗憾的是，在考察的时候，他从西塔跌落下来摔死了，后来他被埋葬在大教堂里。伊利大教堂的迷宫就建在这座塔楼正下方的地面上。

在乔治·吉尔伯特·斯科特爵士（Sir George Gilbert Scott）的指导下，整座大教堂的修复工作终于在1847年开始。对于一位维多利亚时代伟大的哥特复兴主义建筑师来说，这是对他的工作最好的概括，而且这个作品在他的职业生涯的早期就出现了；他到后来继续创造了自己最伟大的作品（包括位于伦敦圣潘克拉斯火车站的米德兰大酒店），不过他在余生中一直参与伊利大教堂的修复工作。作为重建西塔的补充，迷宫与中世纪的环境完美地融合在一起，根据一个新场域特定设计建成。它与精美的天花板相呼应，神圣的几何形状自有逻辑：迷宫蜿蜒的道路总长为66米，正好等于西塔的高度。

---

1 原文如此，有一种说法认为伊利这一名字的由来与鳗鱼有关，但在历史上有诸多不同的假设。

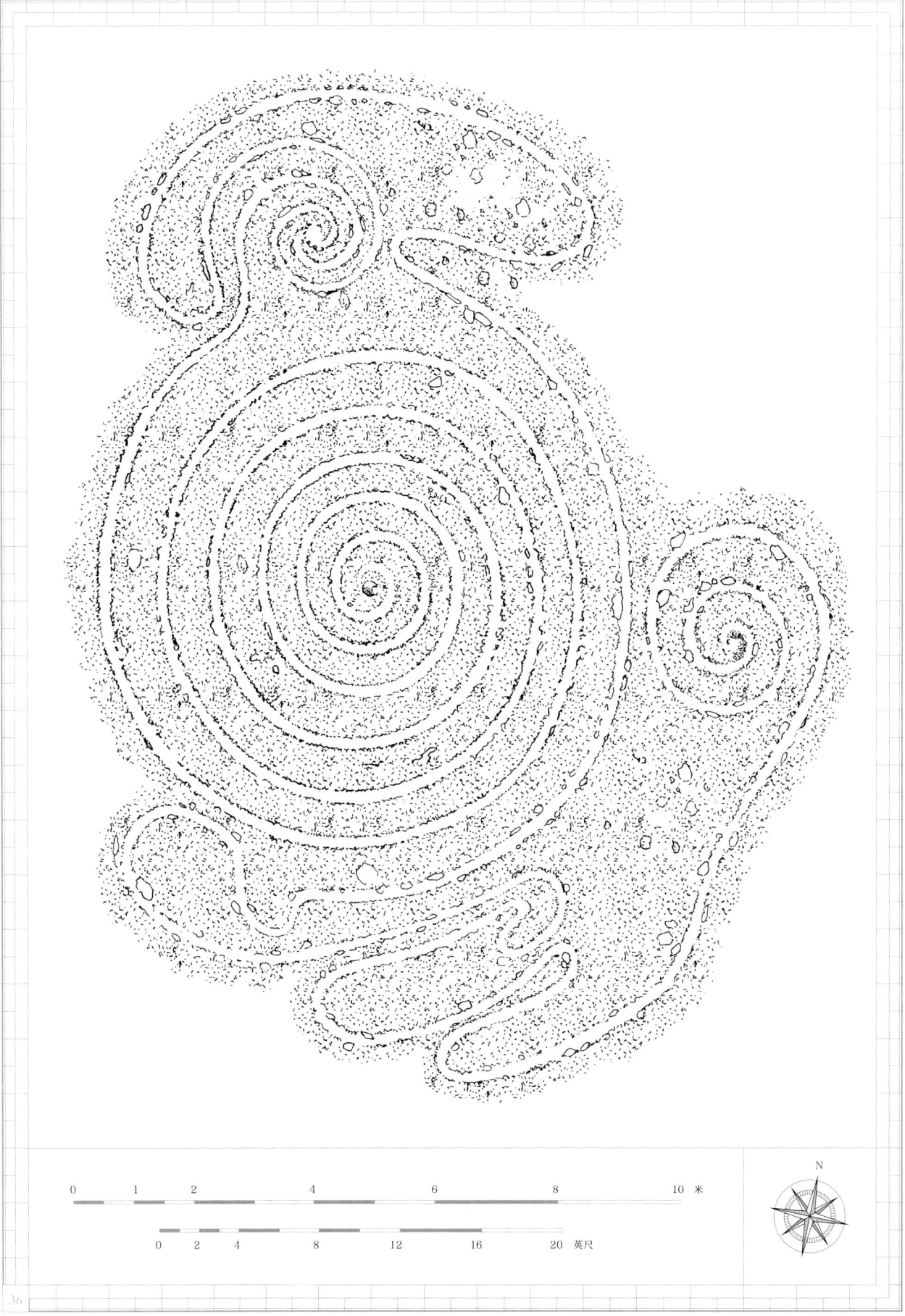

弗哈马
Folhammar

瑞典，哥得兰岛，弗哈马特洛伊堡，弗哈马迷宫
石头和草皮　|　20世纪60年代或70年代至今

不断扩大的弗哈马迷宫蜿蜒穿过瑞典哥特兰岛的一片林地

哥特兰岛位于瑞典东海岸，深受植物学家和观鸟者的喜爱，但那里也散布着一些迷宫。它们主要由大大小小的石头组成，通常石头不会超过一个足球那么大。虽然石头就放在地上，而且许多石头已经消失不见，但数千年的压痕依然讲述着古代迷宫的故事。草皮迷宫和石雕跟维京时代的遗存、史前迷宫和许多新增的东西混杂在一起。

从波罗的海地区的迷宫地图上可以看到，一座座迷宫就像一条紧密编织的石头项链，沿着波罗的海和波的尼亚湾的海岸一直到北部。因此，有理由认为，瑞典最大的岛屿哥特兰岛也应该建有迷宫。岛上不仅有丰富的野生植被和各种各样的鸟儿；哥特兰岛也是瑞典考古学家最关注的区域，至今仍有许多珍贵的物品和宝藏深藏地下。在史前居民时期过去数千年之后，哥特兰岛成了早期维京人繁荣的贸易中心，它的地理位置完美衔接欧洲的东部和西部。在接下来的日耳曼人时代，哥特兰岛的主要城镇维斯比是一个充满活力的聚居区，在那以后，人们失去了对这个地区的兴趣，导致了长达几个世纪的衰落。不过对我们来说，这倒是一件幸运的事，衰落使这里得到了很好的保护。

弗哈马迷宫是少数在20世纪60年代到70年代间建造的迷宫之一。路上的凹槽表明它没有被遗弃或忘记；更妙的是，这项工程还在持续。虽然有一个中心，或者说目标，和唯一的通路，但这条蜿蜒曲折的道路徜徉在海岸线和树林之间，与另一个更古老的迷宫相距约50米。新迷宫的中心表明它一开始是一个传统的九重迷阵，但是肯定有人率先打破了范式，决定修建新路，然后其他人也开始跟风。这条路现在至少有40米长。弗哈马迷宫附近有停车场，但是现场没有导游或者导览图，它可能是地球上最安静的创意互动迷宫了。

弗洛金

FRÖJEL

瑞典，哥特兰岛，弗洛金，弗洛金教堂
放置在草皮上的石头 | 约1150年

在词源上探讨迷宫和迷阵这两个词并无帮助。最著名的克里特岛迷阵拥有许多歧路，但显然是迷宫，而"克里特式"（Cretan）这个词应用于从中世纪基督教教堂到英国草皮迷宫（其实是单一路径的迷阵）的一系列设计。从南美洲到印度，全世界都在描绘这个形状，克里特式的出现显然早于米诺陶的神话。迷宫的主题是矛盾。建在地下的迷宫意味着地狱；花园迷宫是一种户外游戏。单一路径的迷阵可以用来忏悔，也可以用来跳舞。

位于瑞典哥特兰岛的弗洛金教堂坐落于曾经繁荣的维京渔港上方的一座小山上。到12世纪，城镇和教堂都被废弃了。近几十年来，考古学家发掘并修复了废弃的教堂，还发掘了渔港中令人印象深刻的古代宝藏；迷阵于1974年被修复。瑞典的石头迷阵（或特洛伊城）经常建在墓地附近，这座迷阵几乎一直存在，尽管在建新教堂的时候它可能曾被遮挡。它纯粹的几何形状被附近的建筑物和水泵打断了。

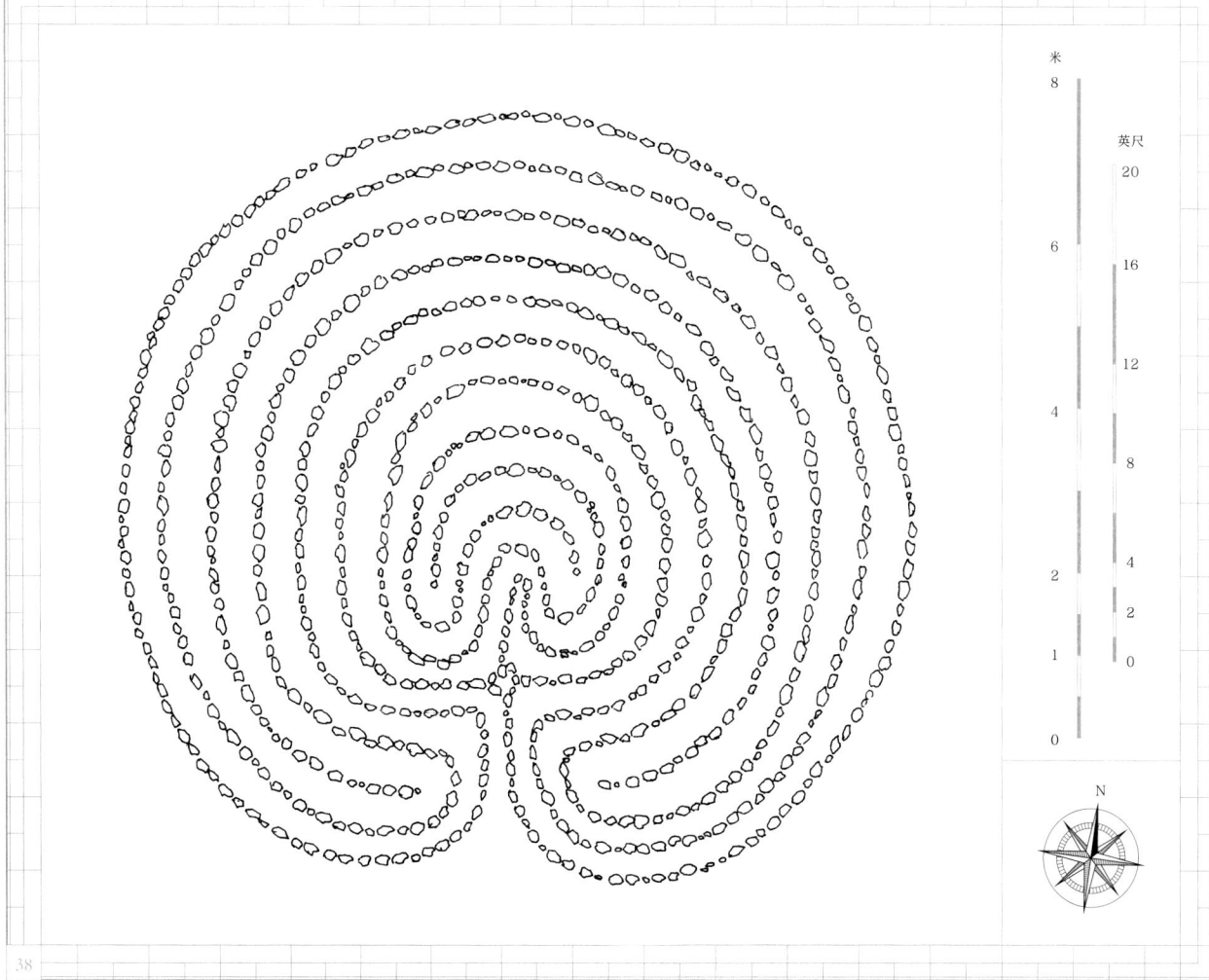

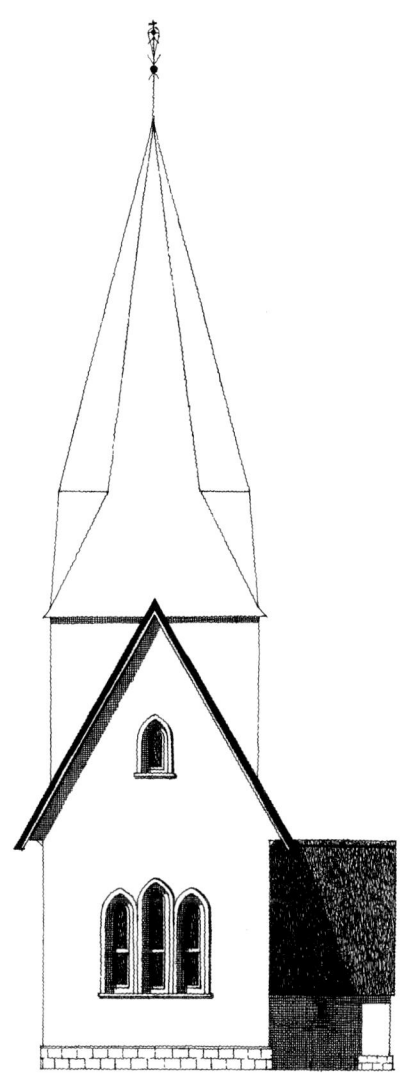

最初的弗洛金教堂坐落在曾经繁荣的
维京渔港上方的一座小山上

弗洛金这个名字源自"弗蕾雅"（Freyja），一位北欧女神的名字，也可以用来指"女士"。这座迷阵的建造年代早于基督教文化的兴起。迷宫女神（在1985年约翰·克拉夫特［John Kraft］出版的同名书中有讨论）是串起从古至今世界各地的各种迷宫和迷阵的线索。她是特洛伊城墙后的海伦，是村庄绿地上的神女，是克里特岛的米诺斯女神阿里阿德涅——除了在希腊神话里阿里阿德涅变成了一个凡人，一个为英雄忒修斯坠入爱河的人。神话流传到今天，藏在迷宫中心的不再是动人的女神，而是一头怪物。

0   2.5   5   10   15 米

0   5   10   20   30 英尺

盖 蒂
Getty

美国，洛杉矶，布伦特伍德，盖蒂中心，杜鹃花迷宫
杜鹃花、钢筋和水 ｜ 1997年

洛杉矶盖蒂博物馆的一部分位于马里布的罗马别墅，是罗马、希腊和伊特鲁里亚艺术的完美复制品。其中对细节的关注令人称奇：连花园里的植物，都是符合历史记载的。然而，此处所述的是博物馆馆藏的另一部分，位于洛杉矶山上价值10亿美元的盖蒂中心，其中央花园里有一个迷阵。它不是一件赝品，而是加利福尼亚艺术家罗伯特·欧文（Robert Irwin，生于1928年）的永久性装置艺术。博物馆将中央花园（以迷宫为核心）列为"它最重要的当代艺术藏品之一"。花园由博物馆的藏品部副主任直接负责，就证明了这一点。

众所周知，在欣赏中央花园时，具有园艺知识的观众非常挑剔：比如迷阵中的杜鹃花不应该在阳光下暴晒，色彩浓烈的植物堆砌在一起不够细腻。对于欧文，他们认为他是20世纪60年代的一个艺术流派"光与空间运动"的成员——他甚至不懂园艺。这个作品的天才之处在于：迷宫（不能走进去）遗世独立，漂浮在水面上，不管世事的纷纷扰扰。我们在评价花园时遵循的那些标准似乎并不适用于这里。

欧文的作品与感知有关，花园的设计目的是使观者在颜色、气味、光线和运动方面完全浸润其中。在峡谷花园半路的石头上刻着他的名言："永远在变，永远没有两次一模一样。"花开，花谢。任性的杜鹃花在一年52周中，仅仅开花两周。这种令人耳目一新的反传统方式让人想起克里斯托弗·劳埃德（Christopher Lloyd）在英格兰南部的大迪克斯特的遗作；花园具有巨大的变革潜力，如果能够提升观众的感官体验，任何细节都不能忽略。为此，中央花园的地膜由欧文亲自设计，是一种特别美丽的深棕色调。

> 罗伯特·欧文的
> 杜鹃花迷宫漂浮在湖中央，
> 不能走进去，不合园艺逻辑。

迷宫——一个由小径和潺潺流水划分的几何空间——位于这个城市花园最古老的部分,在15世纪被设想为一个"封闭花园"[1]。

朱斯蒂
Giusti

意大利，维罗纳，朱斯蒂宫，朱斯蒂花园
锦熟黄杨　｜　约1570年

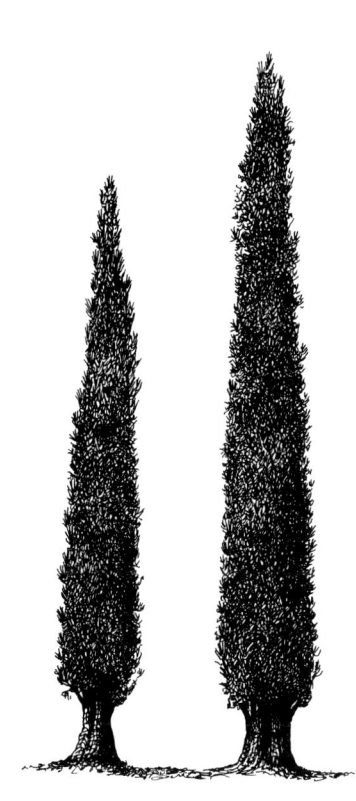

高大的柏树点缀着朱斯蒂宫的文艺复兴时期花园

由维罗纳的奥古斯蒂诺·朱斯蒂（Agostino Giusti）建造的城市花园自16世纪末以来一直向访客开放，并被广泛记载。然而在一个充满罗马、中世纪和文艺复兴时期景点的城市里，这座花园没有游客。迷宫是一个大花圃的一部分，曾经缤纷多彩，而现在主要是绿色的，从花园的侧门延伸到土黄色的别墅。出奇高大的柱状柏树——这种纯正的文艺复兴时期风格散发出自信的宁静，人类文明全面掌控大自然的力量，建立了世界的秩序。1570年以前，迷宫已建成；1786年，当地建筑师路易吉·特雷萨（Luigi Trezza）为其增加了新路线，提高了复杂程度。

乔治·西特威尔爵士（Sir George Sitwell）是游记作者（也是伊迪丝[2]的父亲），当他在20世纪初造访意大利时，他的主要目的是摆脱"让人抑郁的"英格兰。他对意大利花园狂野的美景毫无准备，对漫不经心的维护心生不满。在意大利北部的杂草和破碎的雕像中，他找到了朱斯蒂花园，对其"极度庄严的美景"深感震惊。

错综复杂的园艺和修剪精致的迷宫，即将受到两次世界大战的双重打击。到1945年，已有400年历史的维罗纳花园被夷为平地，人们不得不从头开始建造迷宫。如果把目光放得更远，花园并不完全是被战争破坏的，在此之前它早已成为时尚的牺牲品。在大花圃中，曲线替代了锦熟黄杨的直线，迷宫被重新布局。然而，也有一些重返古典主义的明显变动。在两次世界大战之间，20世纪30年代曾经进行了一些修复；最近，又沿着旧日的网格栽种了新柏树。在一个浸润了多重文化的古老城市里——包括但丁（Dante）、普鲁塔克（Plutarch）和莎士比亚（Shakespeare）笔下的爱恨情仇，这个古老的树篱迷宫终于拥有了一席之地。

1　原文为拉丁语 *hortus conclusus*，字面意思即"封闭花园"，最早见于希伯来圣经的《雅歌》，在中世纪和文艺复兴时期的诗歌和艺术中被视作圣母马利亚的象征和头衔。
2　伊迪丝·西特威尔（Edith Sitwell），英国诗人，文学评论家，其作品风格前卫、技巧高超。

格拉斯顿伯里
GLASTONBURY

英国，萨默塞特郡，格拉斯顿伯里，格拉斯顿伯里山
土地和草皮 ｜ 约公元前3000—公元前2000年

除了位置，还有很多东西使格拉斯顿伯里山神秘而魔幻。在英格兰西南部的萨默塞特郡，这座青山拔地而起，它在从前看起来一定更为雄伟，因其曾被绿水环绕。在萨默塞特只适合在夏天居住的年代（"萨默塞特"的本意就是"夏季定居点"），格拉斯顿伯里被称为"玻璃岛"。它由七个小岛组成。至今仍然洪水泛滥：在它和布里斯托湾之间，全是平地。

信徒们认为这座名山是一个立体迷阵，这一点也不奇怪。毕竟，圣米迦勒地线和圣母马利亚地线就在山顶交会。[1] 迷阵之说并未得到考古学家和它目前的管理者——国家信托基金——的认可：农用人工梯田的说法更普遍被人们接受。关于这座山的神秘力量还有其他传说。比如它是仙女的领地，她们住在相互连通的地下小屋里；由于从前是一个潮汐岛，这里是从一个世界到另一个世界最理想的中转站；公元37年，建造耶稣坟墓的亚利马太的约瑟（Joseph of Arimathea）到达这里，建了第一座基督教教堂；稍晚些时候，这里成了阿瓦隆[2]传说的背景，亚瑟王（Arthur）著名的湖中剑在此铸造；亚瑟王和吉纳薇王后（Guinevere）被埋葬在修道院建成的地方；迷阵有时还会发光。

实际情况是这样的：在千禧年，当山顶被照亮的时

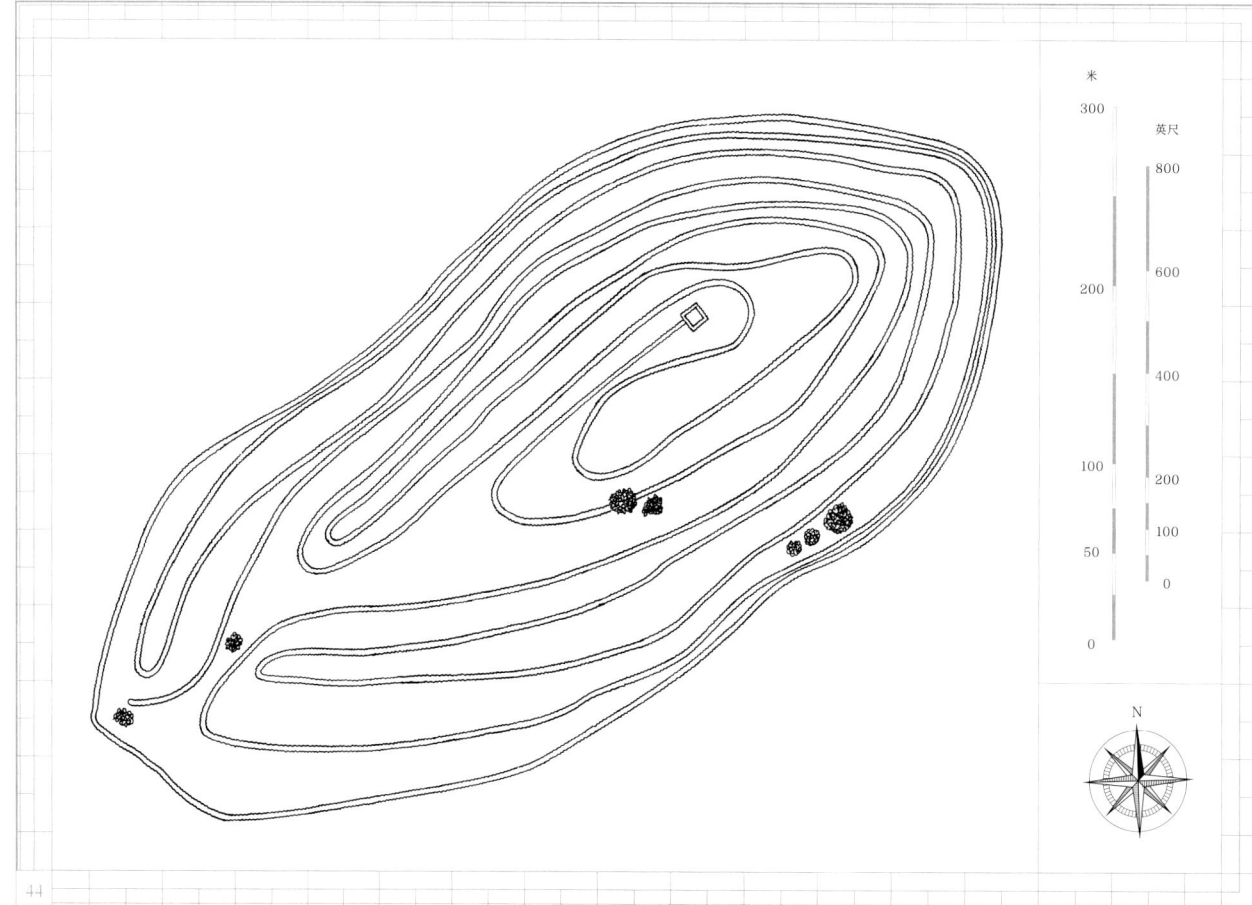

位于格拉斯顿伯里山顶部的圣米迦勒塔楼，
即使经历了1275年的地震仍然高高耸立

**虽然传闻格拉斯顿伯里山有仙女们的地道，
但鸟瞰图显示地面工程是一个立体迷阵。**

候，它看起来确实像一个立体迷阵。从空中俯瞰，它由七重回路组成，就像克里特式迷阵，也像世界各地的石头雕刻，包括康沃尔郡的廷泰格尔（亚瑟王的另一个传说的所在地）。迷宫的中心不是碰巧占了山顶位置的塔楼；塔楼是圣米迦勒教堂的遗物，这座教堂在1275年的地震中崩塌。迷阵比塔楼的年代更古老，可能建于新石器时代，和不远处的巨石阵同龄。和米诺斯的克里特岛文明一样，阿瓦隆文明是女神主导的文明，其中心是仁慈的母亲形象。

1　地线（ley line）是连接各种历史建筑和地标的虚构直线。这一概念被认为是伪科学，最早出现于20世纪的欧洲。当时，相信地线存在的人们认为古代社会有意按地线修建了各种知名建筑和地标，圣米迦勒地线和圣母马利亚地线是其中较为知名的两条。
2　阿瓦隆（Avalon），凯尔特传说中的西方乐土。——译者注

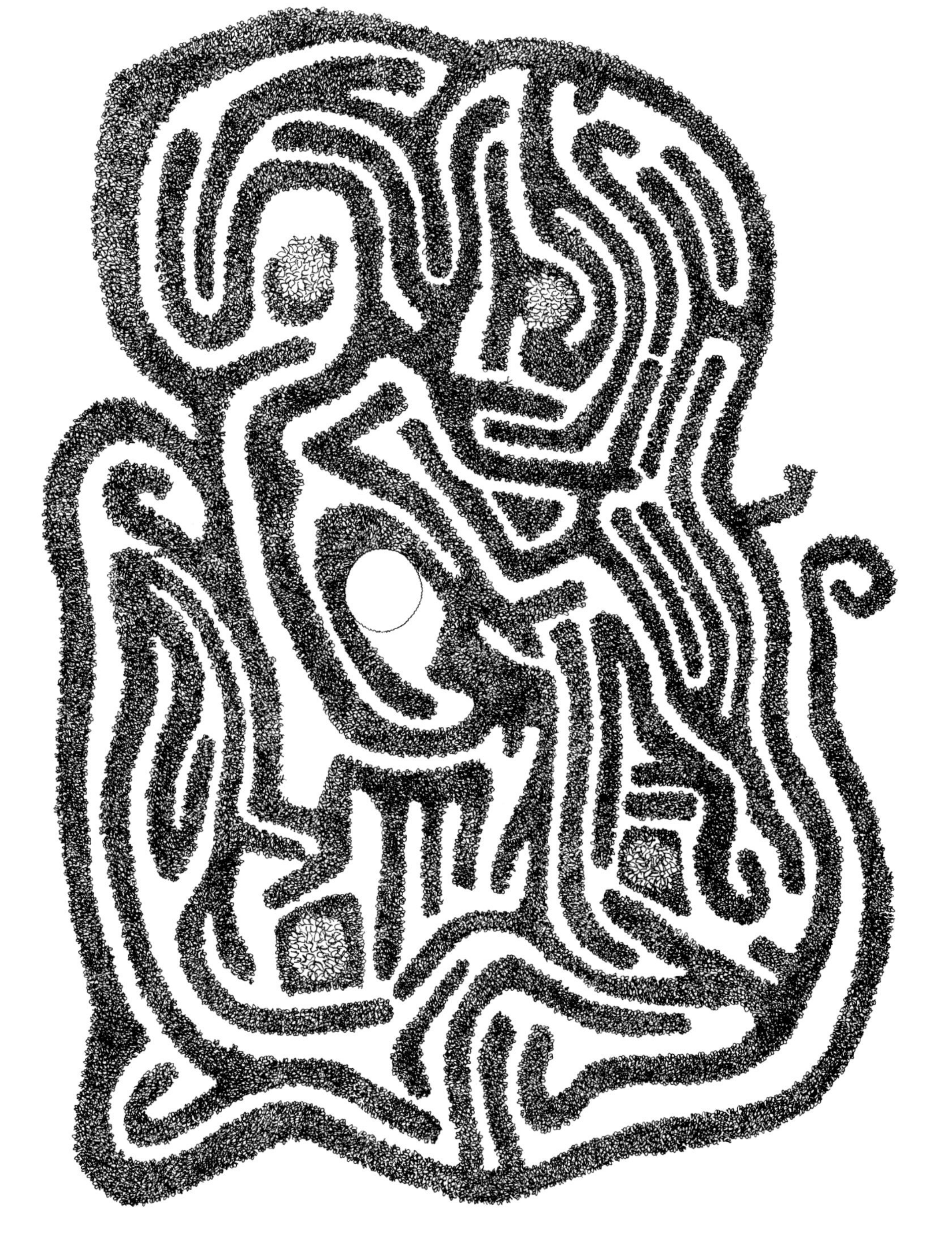
0 5 10 20 30 米
0 10 20 40 60 80 英尺
N

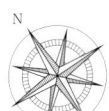

格伦德根
GLENDURGAN

英国，康沃尔郡，法尔茅斯，漠南史密斯，格伦德根花园
樱桃月桂（*Prunus laurocerasus*） | 1833年

在充满亚热带风情的康沃尔花园中，一个质朴的茅草亭矗立在迷宫中央

迷宫对孩子们很有吸引力，但在娱乐时代到来之前很少有人为这个理由建造迷宫。阿尔弗雷德（Alfred）和莎拉·福克斯（Sarah Fox）在这方面表现出色。他们是杰出的贵格会成员，是渔民和股票经纪人的后代，在法尔茅斯的工业革命中发挥了积极作用；阿尔弗雷德、查尔斯（Charles）和罗伯特（Robert）三兄弟都是狂热的植物学家，每个人都建了一座了不起的亚热带植物园。他们在法河口附近盖房子，这样交通便利，来自世界各地的船只逆流而上，送来他们订购的异国植物。

阿尔弗雷德和莎拉在格伦德根的生活被孩子填满了。他们有12个孩子，福克斯家族中还有许许多多的堂兄弟，萨拉管理着一所小小的学校，吸引了当地的孩子们。19世纪20年代，他们建好了房子，又在康沃尔山坡上开始建造一座能够俯瞰赫尔福德桥的花园，然后，他们在此建了一座迷宫。花园是孩子们的天堂，这里到处是蜿蜒的小径，通过奇花异草的丛林可以直接走到德根小河边的村庄。迷宫仿佛一条蛇，式样参照了西德尼花园里规模更大的

> 阿尔弗雷德和莎拉·福克斯是少见的好父母，他们建了一座蛇形迷宫，供他们的12个孩子玩耍。

一座迷宫。西德尼花园迷宫位于巴斯的一个公园里，中央放置着精巧的体育设施，可通过迷宫外的一条隧道抵达。在格伦德根，福克斯夫妇在迷宫中央建造了一个休息处，是一个茅草亭。

迷宫盘绕在山谷的一侧，毫不神秘：它的布局从另一侧的山坡上看得清清楚楚。观看也是一种乐趣。唯一让人皱眉头的"作弊"是穿过篱笆抄近路，这样会弄坏篱笆墙。阿尔弗雷德·福克斯会给为管理迷宫出力的孩子们发奖金。

殖民地威廉斯堡的鬼魂有时会在迷宫里游荡,虽然迷宫建于20世纪30年代,但它其实属于一个更古老的花园。

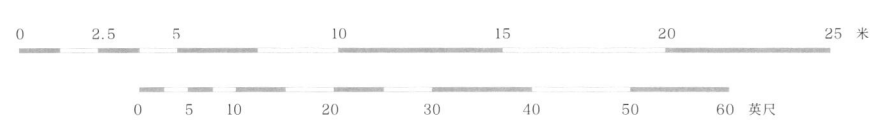

总督宫
Governor's Palace

美国，弗吉尼亚州，殖民地威廉斯堡，总督宫花园
锦熟黄杨 | 20世纪30年代初

殖民地威廉斯堡是独立战争前建筑的典范。
这座曾经破败的大学城如今成了一个生机勃勃的历史博物馆

宫殿在美国并不是一种常见的事物（不考虑拉斯维加斯的刻奇），在殖民地威廉斯堡就更稀有了。总督宫仿佛一个活生生的历史博物馆，有着完整的花园和黄杨迷宫，原来的建筑已经被烧毁，现存的建筑是后来按原样重建的；这里不是皇家住所，而是美国殖民地时期总督的住宅。最初的建筑引来了无数批评，因其有着欧式的宏伟（和高昂的成本），被讽刺为总督的"宫殿"。

对这座饱受争议的房子进行重建发生在20世纪30年代——正是大萧条时代最黑暗的日子，这个时间点耐人寻味。当时，威廉斯堡是弗吉尼亚州一个普普通通的小镇，位于首都和南部各州之间。虽然它曾经是北美最成功的殖民地上的重镇，但在独立战争之后变得无人问津。到20世纪20年代，它也只有四条大街，电线杆、加油站与独立战争前留下的残破建筑不协调地排在一起。那时，商业巨头小约翰·D. 洛克菲勒（John D. Rockefeller Jr）决定修复被称为"殖民地威廉斯堡"的旧街区。

洛克菲勒非常有钱，而且注重细节，这些优点保证了小镇在如此大规模的建筑工程中没有遇到资金困难。但是，总督花园的原貌仍然难以捉摸。和以往一样，因为小镇名叫威廉斯堡，人们便从威廉和玛丽的英荷风格里寻找灵感。由于英格兰汉普顿宫的皇家迷宫（见第54—55页）非常受欢迎（而且殖民地威廉斯堡也需要吸引游客），它被选为最合适的模板，特别是在旧梯形被拉直以后。

殖民地威廉斯堡毗邻著名的威廉与玛丽学院，学生们总是喜欢"跳墙"到总督宫里，在夜间穿越迷宫。这里流传着许多鬼故事；在灌木丛中，人们会听到脚步声，看见脚印，甚至看到一双苍白的赤脚浮现。

米
200

英尺
500

150

400

300
100

200

50
100

50
25
0

0

N

皇家农场
Granja

西班牙,卡斯蒂利亚-莱昂大区,塞哥维亚,圣伊尔德丰索宫,皇家农场
山毛榉(*Fagus sylvatica*) | 1709—1725年

农场花园里到处都是这种花纹复杂的巴洛克式大瓮

这座18世纪早期的迷宫(于20世纪90年代修复)位于西班牙皇家农场,建在俯瞰马德里的群山上,完美地体现出委托人国王腓力五世(Philip V)的风格。他于1700年加冕,年仅16岁,是法国国王路易十四(Louis XIV)的第二个孙子,从小在凡尔赛宫长大,不会说西班牙语。他选了这片林地建造狩猎小屋,作为离开马德里外出疗养的地方,自然聘请了法国园艺师。这些法国园艺师完全奉行安托万-约瑟夫·迪塞耶·德·阿让维(Antoine-Joseph Dézailler d'Argenville)的思想,他是1709年出版的畅销书《园艺理论与实践》(*La Théorie et la Pratique du Jardinage*)的作者。

在满是岩石的松林中建造一座巴洛克风格的凡尔赛宫可不容易,不过把德·阿让维的一些设计缩小倒是可行。在笔直的大道和放射状的轴线之间,沿着边缘布置了一座迷阵。对我们来说很幸运的是,这是一个不同寻常的旋涡迷宫,直接取材自德·阿让维的书。旋涡迷宫直接将你引入迷宫的中心,但想转出去就不那么容易了。在纸面上看,它的设计非常漂亮;在现实中,它几乎是250年后建造的郎利特庄园中"破纪录"迷宫的两倍大。

在花园还在建造之时,国王就已经深陷命运的旋涡。加冕仪式刚刚过去不久,爆发了西班牙王位继承战争(1701—1714年),他的国土丧失了许多。1724年,他决定提前退休,正值皇家农场完工。他退位后把王位传给年仅十几岁的儿子,但短短七个月后,路易斯一世(Louis I)就死于天花。

腓力没有搬回马德里,而是把马德里的朝廷搬到了农场。他的第二任妻子,来自帕尔马的伊丽莎白(Elisabeth of Parma),也为巴洛克风格的农场做出了贡献,确保它采用法国-意大利-西班牙的古典风格,同时雇用了自己的意大利建筑师和设计师。腓力不像他的妻子那么积极热情,并且通常被认为"闷闷不乐"。伊丽莎白对他的抑郁感到揪心,试图用音乐来治愈他。为此,她请来了传奇阉人歌手法里内利(Farinelli),每天晚上为腓力唱咏叹调,法里内利直到国王去世都留在农场。在国王的大键琴的伴奏下,法里内利与王后的二重唱,使腓力能够忍受他的第二次统治。

汉普顿宫

Hampton Court

英国，萨里郡，东莫尔斯，汉普顿宫
欧洲紫杉和鹅耳枥 | 约1690年

伦敦西南部的汉普顿宫拥有两种截然不同的风格——一部分是都铎王朝的宫殿，另一部分是巴洛克式宫殿，被绵延数英亩的砖块连成一体。这里的迷宫作为英国最古老的也是世界上最著名的迷宫，也是一样地不精确。它的梯形轮廓被世界各地的迷宫建造者采纳，只不过线条更加清晰。原本的迷宫并不对称，是一个规模更大的迷宫的残余部分，这片区域至今仍然被称为"荒野"，有着蜿蜒的道路和高大的树篱。人们希望在这里逃离宫廷的纷纷扰扰，达到物我两忘之境。

1689年和玛丽女王（Queen Mary）共同加冕的奥兰治的威廉（William of Orange）曾在荷兰拥有一座古典迷宫。新国王和女王为"荒野"定制了三个这样的迷宫，重新燃起了整个欧洲大陆和不列颠群岛对迷宫的兴趣。目前还不清楚汉普顿宫幸存下来的迷宫是不是三座迷宫中最好的，但它的受欢迎程度一年比一年高。这非比寻常，因为英国贵族们很快就爱上了兰斯洛特·"能人"·布朗（Lancelot 'Capability' Brown）的理论。在新景观运动中，更古老且风格烦琐的花园没有容身之地，为了展现自然的田园风光，许多完整的花园都遭到清除。更值得注意的是，在布朗担任乔治三世（George III）的首席园艺师时，他就住在

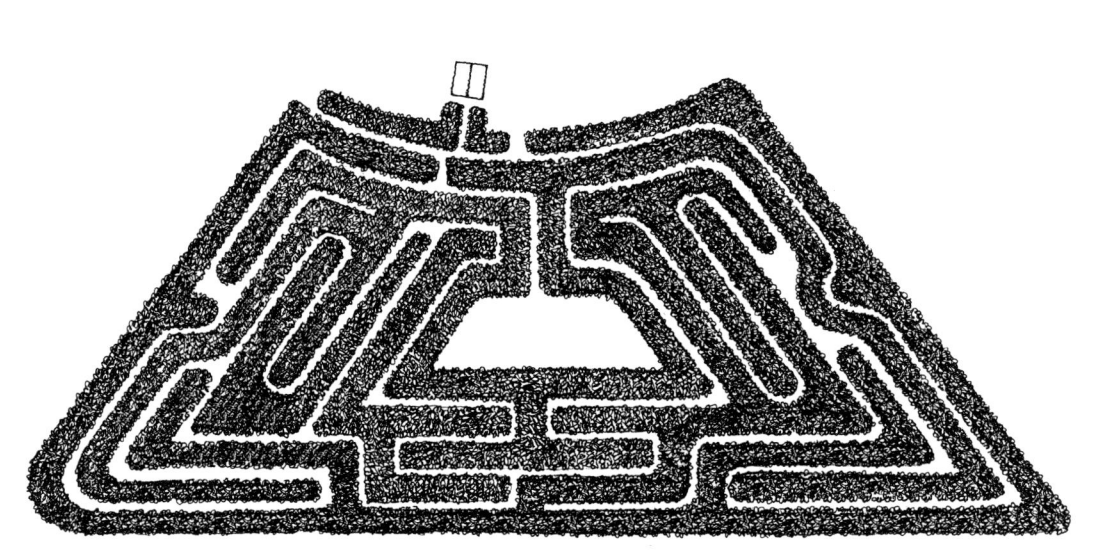

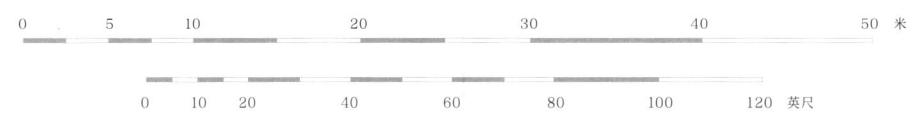

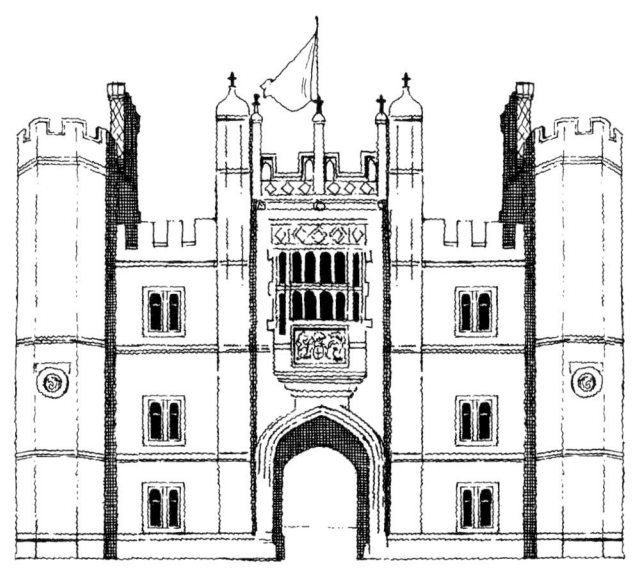

在汉普顿宫的都铎王朝宫殿里可能有过更古老的迷宫，
但现存的唯一迷宫——由威廉和玛丽带来的本地化的
荷兰巴洛克式迷宫——是世界上最著名的

在18世纪的英格兰，迷宫与新景观园艺师的信念是相悖的，
但"能人"布朗本人在汉普顿宫住过一段时间，就住在幸存下来的迷宫旁边。

汉普顿宫的庭院里——恰恰能够俯瞰迷宫。有传言说，那时"荒野"中的植物并没有像往常那样得到勤快的修剪。

汉普顿宫最引人注目的特色之一是拥有宁静的河畔，只有一条小径将宫墙与悠闲的水上交通分隔开来。在杰罗姆·K. 杰罗姆（Jerome K. Jerome）的《三怪客泛舟记》（*Three Men in a Boat*，1889年）中，虚构的旅行者在这里下船，想要快速走完迷宫。叙述者特意点明，走迷宫的诀窍是不要着急或——恰恰相反——过于大意。"我们进去吧，这样你就可以说你走过（迷宫）了，它其实很简单，根本就算不了什么迷宫。"他们想得太容易了，警钟已经敲响。[1]

---

[1]《三怪客泛舟记》围绕三个怪客和一只狗的一次泛舟之旅展开，途中他们造访了汉普顿宫，本以为自己可以很快走完迷宫，结果走了很久也没有走出来，还导致走迷宫的其他人和他们一起被困。

| 0 | 5 | 10 | 20 | 30 米 |

| 0 | 10 | 20 | 40 | 60 英尺 |

N

哈特菲尔德

HATFIELD

英国，赫特福德郡，哈特菲尔德，哈特菲尔德庄园
欧洲紫杉 | 1841年

在哈特菲尔德的两座迷宫中，
17世纪的迷宫设计只可俯瞰，不可进入

虽然哈特菲尔德庄园中的两个迷宫都不是原创的，但每个迷宫在历史上都占据了重要的地位，首先是作为都铎王朝的宫殿和伊丽莎白一世（Elizabeth I）的童年故乡，然后是作为塞西尔家族支脉的房产，从斯图亚特时代起直到今天。威廉·塞西尔爵士（Sir William Cecil）是伊丽莎白一世最信任的顾问，也是一位著名的园艺师，1577年流行的一本关于园艺设计的书就是献给他的（现在这本书还在重印）。托马斯·希尔（Thomas Hill）以如画的笔名"狄迪墨斯山"（Didymus Mountain）写成了《园艺师的迷宫》（Gardener's Labyrinth），这本书里全是可以采纳的实用园艺设计。书里既有绳结图案花园，又有迷宫，其中一个在400多年后被后来的索尔兹伯里侯爵夫人（Marchioness of Salisbury）采纳，出现在哈特菲尔德旧宫的花园中，侯爵夫人本人也是著名的园艺师。

塞西尔家族得到哈特菲尔德庄园并非幸事。威廉爵士是一位了不起的建筑师，他在赫特福德郡的提奥波尔斯宫与他的另一处宫殿——林肯郡的伯格利宫——同期建造，都是出了名的胜地。从伦敦到提奥波尔斯宫非常方便，因此伊丽莎白女王曾经是威廉爵士和他的儿子罗伯特爵士（Sir Robert）的常客。詹姆斯一世（James I）也喜欢这里，但想把它据为己有，于是就用皇家宫苑哈特菲尔德宫来换，哈特菲尔德宫虽然能用但是建筑相当过时。罗伯特爵士便毫不犹豫地拆掉了大部分宫殿。

从1607年开始，一个意大利矫饰主义新花园很快成形。新房子大约四年后完工，在它的东边，露台往下一层是一个花圃，再往下一层是一个迷宫，然后是一个池塘，最后是一个湖。这就是我们今天能看到的，虽然它是在19世纪依照17世纪花园的样子重建的。景观运动发生在17世纪和19世纪之间，这使花园直接与房子相接；现在的迷宫树墙是在1841年种植的。几个世纪的变迁在萨利·波特（Sally Potter）的电影《奥兰多》（Orlando，1992年）中展现出来，电影的取景地就是哈特菲尔德。女主角——一个戴着假发的乔治亚时代的女子——踩着丝质高跟鞋进入迷宫，再次跑出来的时候，已经成为一个阴郁的维多利亚时代之人。从历史上看，哈特菲尔德迷宫在她闪身进入和飞速冲出之间，也历尽沧桑。

赫恩豪森
Herrenhausen

德国，汉诺威，赫恩豪森皇家花园，大花园
鹅耳枥 | 1936年

选帝侯夫人苏菲（Electress Sophie）不仅是17世纪汉诺威家族的女族长，还是一位伟大的德国园艺师，她明显受到荷兰风格的影响。在与萨克森的选帝侯结婚时，她选择了位于赫恩豪森的夏宫来施展她的才华。苏菲在荷兰长大，旅居意大利和法国，她需要一个经验丰富的人来实现她满脑子的想法，于是把园林总设计师马丁·沙伯尼耶（Martin Charbonnier）派到荷兰去接受培训。他们共同打造了欧洲伟大的巴洛克式花园之一——"大花园"。

从上空俯瞰是观赏巴洛克式花园的最佳角度。典型的中轴对称，从中心点辐射出许多轴线，分割花园的不同区域。握有权力的人，往往喜欢用条条框框限制自然美景，当然，并不都是用尺子作画。在花丛中，迷宫、喷泉和古典雕像为花园增添个性。 别看赫恩豪森的迷宫——种植于1936年——是八角形的，其实它在1674年被设计成教堂迷宫的样式；这是出于审美的考虑，而不是教会的要求。

选帝侯夫人苏菲是英国君主詹姆斯一世的外孙女，也

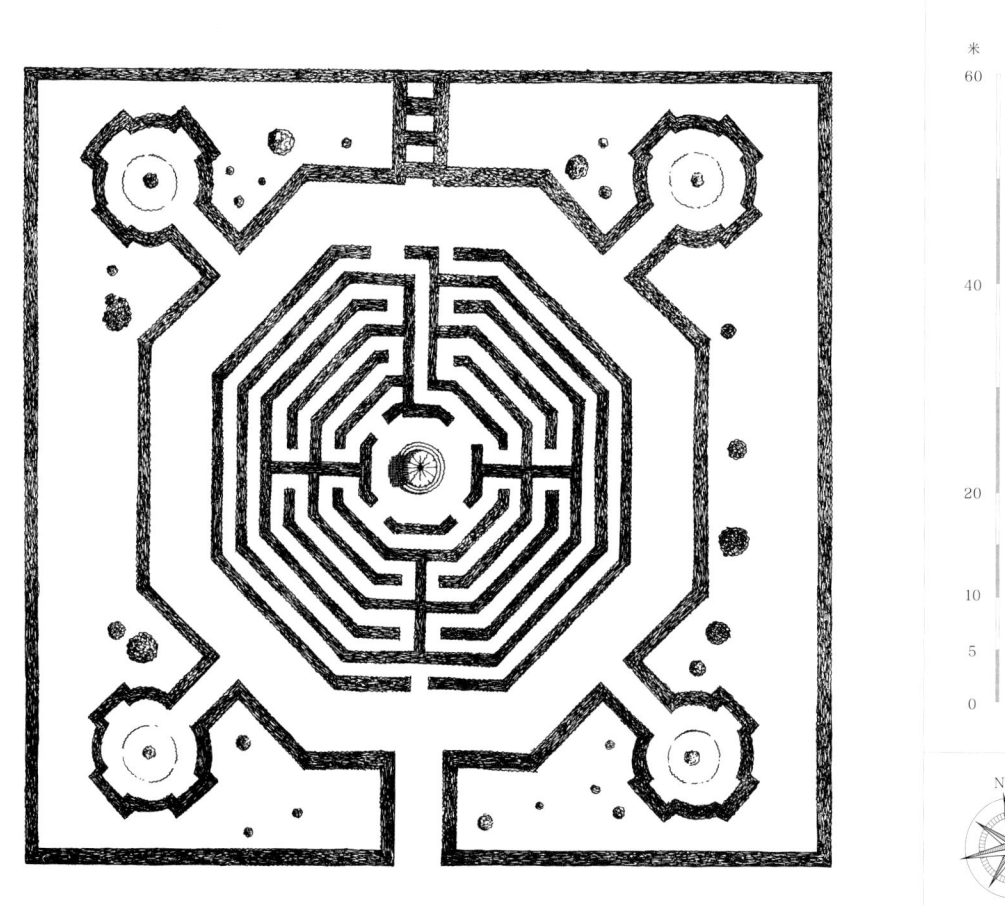

建于1674年的八角形迷宫和其中的八角亭
在第二次世界大战中与花园的其他部分一起幸存下来，
尽管宫殿本体被毁坏

> 德国和英国之间的皇家血缘关系真是不容置疑，即使在第二次世界大战中，英国王室还指示空军保护赫恩豪森不受空中打击。

是乔治一世的母亲。大不列颠王国与汉诺威家族的联姻在乔治亚时代一直保持，直到维多利亚统治时期。只要乔治一世在不列颠群岛的公务一结束，他就去赫恩豪森——重要的文化和政治中心——度假。即使到了第二次世界大战期间，英德之间的联系仍然存在且颇为密切。英国王室曾指示空军避开赫恩豪森，结果在1943年，它和汉诺威市的大部分地区一起毁于盟军之手。然而，花园并没有遭到损坏。房子本体也已经被修复，成为一个会议和待客中心，在竣工不久之后，就于2016年接待了巴拉克·奥巴马（Barack Obama）和安吉拉·默克尔（Angela Merkel）。

威廉·华尔道夫·阿斯特在自家门口建起一座迷宫之前,曾为了躲避新闻记者伪造了自己的死亡。

赫弗

HEVER

英国，肯特郡，伊登布里奇，赫弗城堡
欧洲紫杉 ｜ 约1904年

安妮·博林的童年家园已经多次易主，其中一些家族非常显赫

赫弗城堡的迷宫紧挨着吊桥，这个选址不够细心，却有着先见之明。它是在1904年对城堡进行大修时建造的，城堡后面还有一个都铎风格的村庄。当时的主人是威廉·华尔道夫·阿斯特（William Waldorf Astor），他是一个非常富有的纽约客，拥有许多豪华酒店。在找到赫弗前，他已是一名为自己物色住宅的英国公民。

这座城堡名闻天下，主要因为这里曾是安妮·博林（Anne Boleyn）的童年故居。自13世纪以来，它频繁易主，而且往往伴有不幸的故事。博林之前的主人约翰·弗斯塔夫爵士（Sir John Fastolf）不仅为莎士比亚最滑稽的喜剧形象福斯塔夫（Falstaff）提供了原型，还从他的继子那里窃取了这座城堡。1735年，奥兰多·汉弗莱斯（Orlando Humphreys）与他的继妹结婚，招来了厄运。他们的女儿玛丽（Mary）在他死后继承了财富，但复杂的婚姻仍在继续，当她发现自己既是她母亲的女儿又是她母亲的姊妹时，城堡又被卖掉了。[1]

20世纪初，"威利"阿斯特[2]完全符合镀金时代人们对美国人的刻板印象。他需要一个地方放置他的古代雕塑，所以在赫弗雇了1,000个工人来建造一座意大利花园。迷宫旁边都铎风格的花园和一个非常英式的玫瑰园都增加了展示空间。在阿斯特的努力下，还添置了米诺陶。与表兄们一样，他备受新闻记者的骚扰，甚至曾经为了躲避追踪而伪造自己的死亡，好隐姓埋名地生活。但是当他在伦敦被人发现后，装死事件适得其反，引起了巨大轰动。

阿斯特在1916年进入英国上流社会，给慈善机构捐了些面子钱之后，他被封为赫弗的第一任阿斯特子爵。一时间舆论哗然，因此他在布莱顿又找了一个地方躲起来。1919年，他在盥洗室中死于心脏衰竭，这无疑又是一份给媒体的大礼。

---

1 奥兰多·汉弗莱斯娶了他的继妹艾伦（Ellen）为妻，两人育有三子两女。奥兰多于1737年去世，后来艾伦改嫁查尔斯·戈尔（Charles Gore）。奥兰多和艾伦的女儿玛丽结过三次婚，她的第三任丈夫是托马斯·戈尔（Thomas Gore）——查尔斯·戈尔的叔叔。在这种情况下，由于很难判断城堡的继承权，玛丽卖掉了城堡。
2 即威廉·华尔道夫·阿斯特。

奥尔塔-吉纳多
Horta-Guinardó

西班牙，巴塞罗那，奥尔塔-吉纳多，迷宫公园

柏木（*Cupressus sp.*） ｜ 约1791年

一座巴洛克式附属建筑毗邻迷宫，在此可以俯瞰公园的一处水景

迷宫公园位于巴塞罗那北郊，可乘坐公交车抵达，仿佛蕴藏着巨大的秘密。以前这里一直归私人所有，直到1967年，建造花园的家族把大片土地捐给了巴塞罗那。包括迷宫在内的最古老的部分，是加泰罗尼亚贵族——吕皮阿的阿尔法拉西侯爵胡安·达斯维思（Joan Desvalls, Marquès Alfarràs i de Llupià）——一手创建的。他追求新古典主义，一座完整的花园必须包含迷宫。为了实现这些想法，他聘请了意大利建筑师多米尼加·巴库地（Domenico Bagutti）。

尽管式修斯和阿里阿德涅的大理石浮雕装饰了迷宫入口，但是爱神厄洛斯（Eros）却举着爱之箭占据着迷宫中心。一圈拱形的柏树遮住了他的轮廓，各种希腊神祇和英雄的雕塑四散在规整的三层植物台基上。后来，建造迷宫的侯爵的子孙在19世纪中叶雇用了加泰罗尼亚建筑师艾力·罗杰特（Elies Rogent）——安东尼·高迪（Antoni Gaudí）的老师——改造花园。整个花园的气氛得到了相当大的改善。它变成了浪漫主义风格，增加了许多树荫和流水。

在池塘、水渠、溪流中变换，水是这个地中海风格的花园不可或缺的元素。高大的树木使景观变得柔和，一直延伸到北部的松林。在加泰罗尼亚的首府[1]附近忽然遇见这种野趣，让人觉得出乎意料，就像故事里描述的，一位修女曾经隐居在瀑布旁的小屋里。这里还有一个假的墓地，这是典型的浪漫主义风格，曾经引起19世纪游客们的热议。它的出现和消失都是在追随花园建造的潮流，而迷宫则是永恒的经典。

---

1 即巴塞罗那。

迷宫设计早于大部分花园设计，外观古典，
一圈拱形的柏树隐藏了徘徊在中央的厄洛斯。

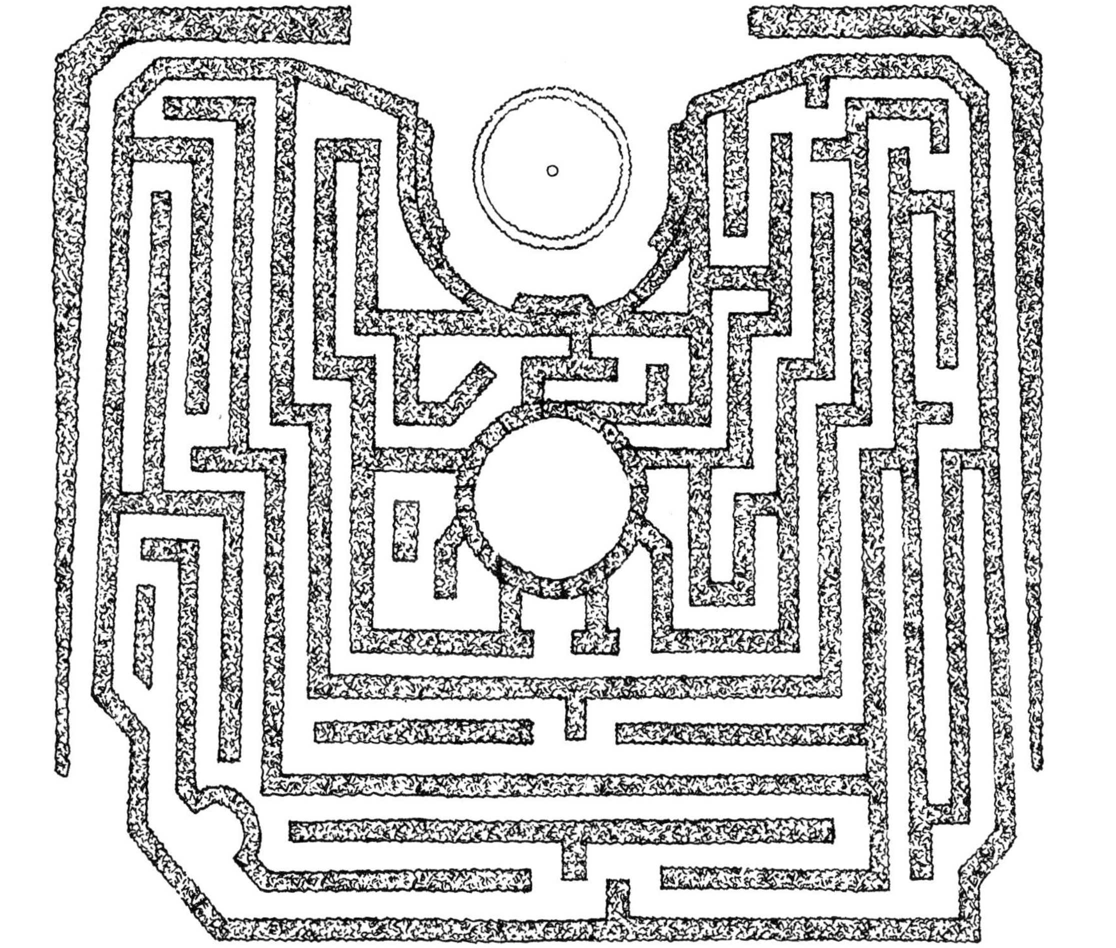

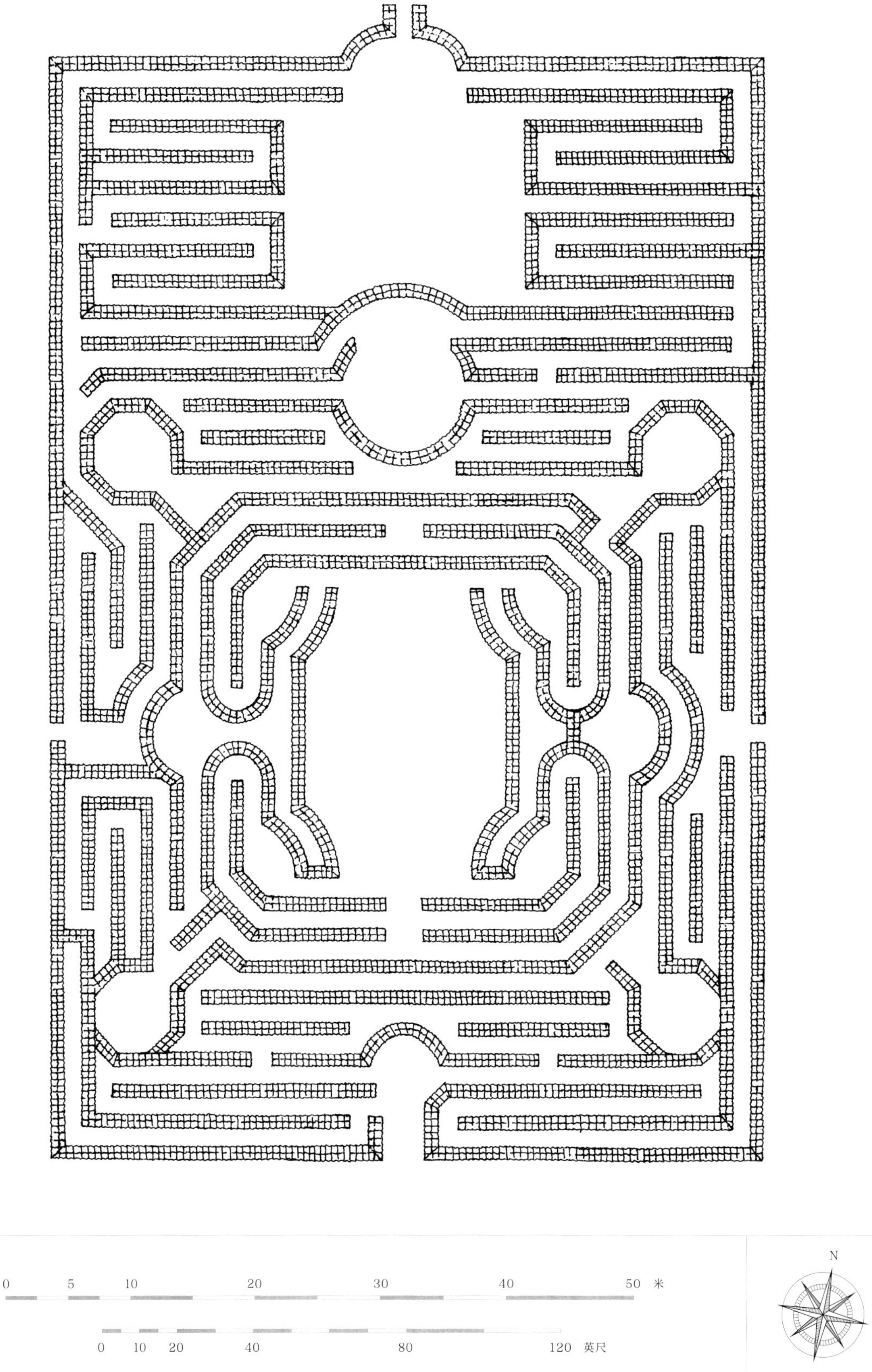

0   5   10   20   30   40   50 米

       0   10   20   40   80   120 英尺

黄花阵

HUANGHUAZHEN

中国，北京，圆明园，长春园
雕花砖墙 | 1756—1759年

意大利艺术家设计的西式凉亭由中国工匠建造

乾隆皇帝在18世纪50年代定制了一系列欧式建筑，那时他陶醉于异域风情。正好，他的朝臣中有一位意大利耶稣会艺术家郎世宁（Giuseppe Castiglione）。郎世宁侍奉内廷30年，技巧娴熟，能够将自己在西方学习的专业技能运用在东方的感性风格中。乾隆皇帝是军事将领，也是鉴赏家、艺术赞助人和收藏家，是诗人，也是散文家——还是一位建筑师。在他将康熙时代的园林扩建为一个占地350公顷的园子——圆明园——之前，他已在此建造了上百座中式、蒙古和西藏风格的建筑。

郎世宁是设计主管，他负责监督耶稣会兄弟会的创意，他们设计了许多喷泉和凉亭。真正盖房子的都是中国工匠。迷宫是后文艺复兴时代欧洲花园的标配，不同于欧洲迷宫，这座迷宫采用了更为持久耐用的砖墙。在迷宫的中心矗立着一个中西合璧的凉亭，据说，中秋之夜宫女们会手持黄色莲花灯进行一年一度的比赛，皇帝坐在凉亭里，赏赐最先到达的人。这座迷宫因此被称为黄花阵。

圆明园在英文中被称为"老夏宫"（The Old Summer Palace），如今它是一座公园。它的中文全称是圆明园遗址公园。整个建筑群在1860年第二次鸦片战争期间被英法联军洗劫一空，之后额尔金伯爵（Lord Elgin）下令放火焚烧圆明园，大火烧了三天三夜。1900年，英国人再次到来，摧毁了剩下的东西。圆明园是两个文明碰撞的痛苦记忆，每个文明都相信自己是宇宙的中心。具有讽刺意味的是，幸存下来的砖石残片主要是欧洲风格。尽管后人在20世纪的最后几十年里重建了迷宫和一些建筑，但圆明园的未来尚不明朗。

黄花阵是中国皇家园林中的异国情调，由意大利艺术家设计，按照欧洲风格建造。

在英国，像这样的切割草皮迷宫是"罗马游戏"的场地，可能象征着特洛伊古城的城墙。

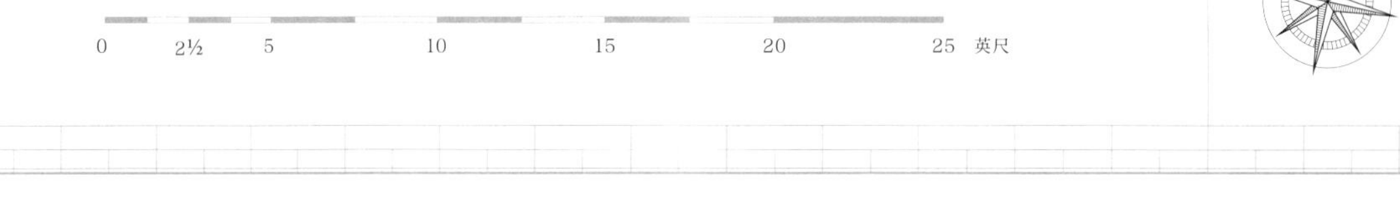

朱利安凉亭

JULIAN'S BOWER

英国，林肯郡，奥克伯
草皮 | 1100—1200 年

朱利安凉亭是在亨伯河河岸岬角一片多风的野地上建造的

朱利安凉亭是一座经典的草皮迷宫。它位置优越，位于亨伯河口上方的悬崖边，在这里两条河交汇流入北海。迷宫已经由英国遗产组织在 2007 年恢复，看上去很现代，但其实是误导。英格兰东部各郡曾经遍布草皮迷宫，名字包括"朱利安"和"特洛伊"。它们的起源常常被描述为神秘力量，实际上有几种相互关联的源头，主要来自中世纪和罗马。

最早是中世纪的朱利安（Julian），他是圣徒，也是旅店老板和穷苦旅人的守护神。朱利安的封圣之路极不寻常，他错认并杀死了亲生父母。为了赎罪，他开始为病人和穷人建造小旅店和医院；他的遗产是在目的地为疲惫旅人提供安抚。一个凉亭，或者其他可爱的地方，对精疲力竭的朝圣者来说具有强大的吸引力，哪怕那些极度虔诚的人也不例外。

中世纪-罗马迷宫通常靠近修道院。在奥克伯，一个本笃会修道院的历史至少可以追溯到 11 世纪。大约向南 14.5 千米处，林肯郡的阿普比村被罗马人建造的伦敦到约克的老路一分为二。就在那里，曾经有一座被称为"特洛伊之墙"的草皮迷宫，现在已经消失了。和克里特岛上米诺陶的监狱一样，特洛伊的城墙是众所周知地难走，设计之初就是为了让任何入侵者三思而后行。

所有这一切迹象都把我们引向了朱利叶斯（Julius），希腊战争英雄埃涅阿斯（Aeneas）的儿子。人们认为在特洛伊陷落后，是他将草皮迷宫的想法带到了意大利。"凉亭"（bower）可能是"城池"（burgh）的变体，意味着一个防御工程，很容易看出仔细修剪的草皮迷宫图案象征着特洛伊城。这些地面工程都建在山边，这一点似乎很重要，这样能更清楚地看人们走迷宫。直到 19 世纪，"罗马游戏"都被用来描述在村庄绿地上开展的这种户外活动。

究竟是不是罗马人创造了环形迷宫？为何它们与沙特尔教堂里中世纪的迷宫如此相似（见第 22—23 页）？这是不是有关文化同源，由于希腊神话对每一种西方文化的持续影响？如果这些迷宫是公元 1 世纪的遗存，那可非常了不起，虽然它们的大受欢迎也使它们保存至今。朱利安凉亭的保护引起了一位乡绅的强烈关注。1887 年，他在奥克伯教堂的地面（和彩色玻璃花窗）上复制了朱利安凉亭。他把自己对迷宫的贡献刻在了墓志铭上：位于沃科特厅的 J. 高尔顿·康斯泰博士绅（J. Goulton Constable, Esq.）的墓碑上，镌刻着迷宫的十一重回路。

科洛尼霍夫
Koloniehof

荷兰，腓特烈斯奥德，科洛尼霍夫博物馆
鹅耳枥 | 1992年

科洛尼霍夫博物馆在19世纪初建成时是收容穷人的房子，
在20世纪后期拥有了一座迷宫

荷兰和英格兰之间园艺技术的交流完全是单向的，最明显的例子是不列颠群岛的球茎都要从荷兰进口。但在文化方面，荷兰的园艺师并不怎么出名。当然在一定程度上，英国园艺师的盛名可能要归功于他们的写作冲动；比如歌特鲁德·杰基尔（Gertrude Jekyll）的文字比她建造的花园具有更持久的影响力。活的艺术比印刷文字更容易遭到破坏，这一点在迷宫的历史中得到了有力的验证。

建于20世纪晚期的荷兰科洛尼霍夫八角迷宫参考了之前在英国柴郡的阿莱厅发现的迷宫。我们不知道原作为什么被摧毁，也不清楚设计师的身份，但是有线索把我们引向建筑师威廉姆·安德鲁斯·奈斯菲尔德（William Andrews Nesfield，1793—1881年）。作为一名维多利亚时代的景观设计师（当时还没有这个词），奈斯菲尔德建造了好几座现在已经被破坏的迷宫，包括一座为园艺学会（当时还没有冠以皇家头衔）建造的迷宫，位于后来的伦敦自然历史博物馆。他还与他的建筑师妹夫安东尼·沙尔文（Anthony Salvin）密切合作，沙尔文曾受埃杰顿-沃伯顿家族委托建造阿莱厅。两人的作品完美代表了19世纪下半叶的时尚巅峰，最大程度上体现了欧洲大陆巴洛克风格，在兰斯洛特·"能人"·布朗的景观运动横扫千军之前，这种风格曾经风靡英格兰。

1689年，威廉和玛丽在双双加冕后（威廉是荷兰人，玛丽是英国人）将荷兰的旋涡花圃带到了汉普顿宫（见第54—55页）。他们的大迷宫参照了荷兰赫特鲁宫的迷宫。在奈斯菲尔德的客户们钟爱的巴洛克复兴主义让位于偏爱茅草屋的艺术和工艺运动后，华丽的设计再次受到冲击。既然迷宫已经开始扮演新角色，更多地服务于游客而不是时尚，它们更有可能保存下去，而且位于科洛尼霍夫的这个迷宫还有一个优势：它足够宽敞，甚至可以允许自行车通行。

这个荷兰迷宫走过了一段漫长的旅程，它改编自一幢英国乡村别墅中的设计，又受到法国-意大利巴洛克风格的影响。

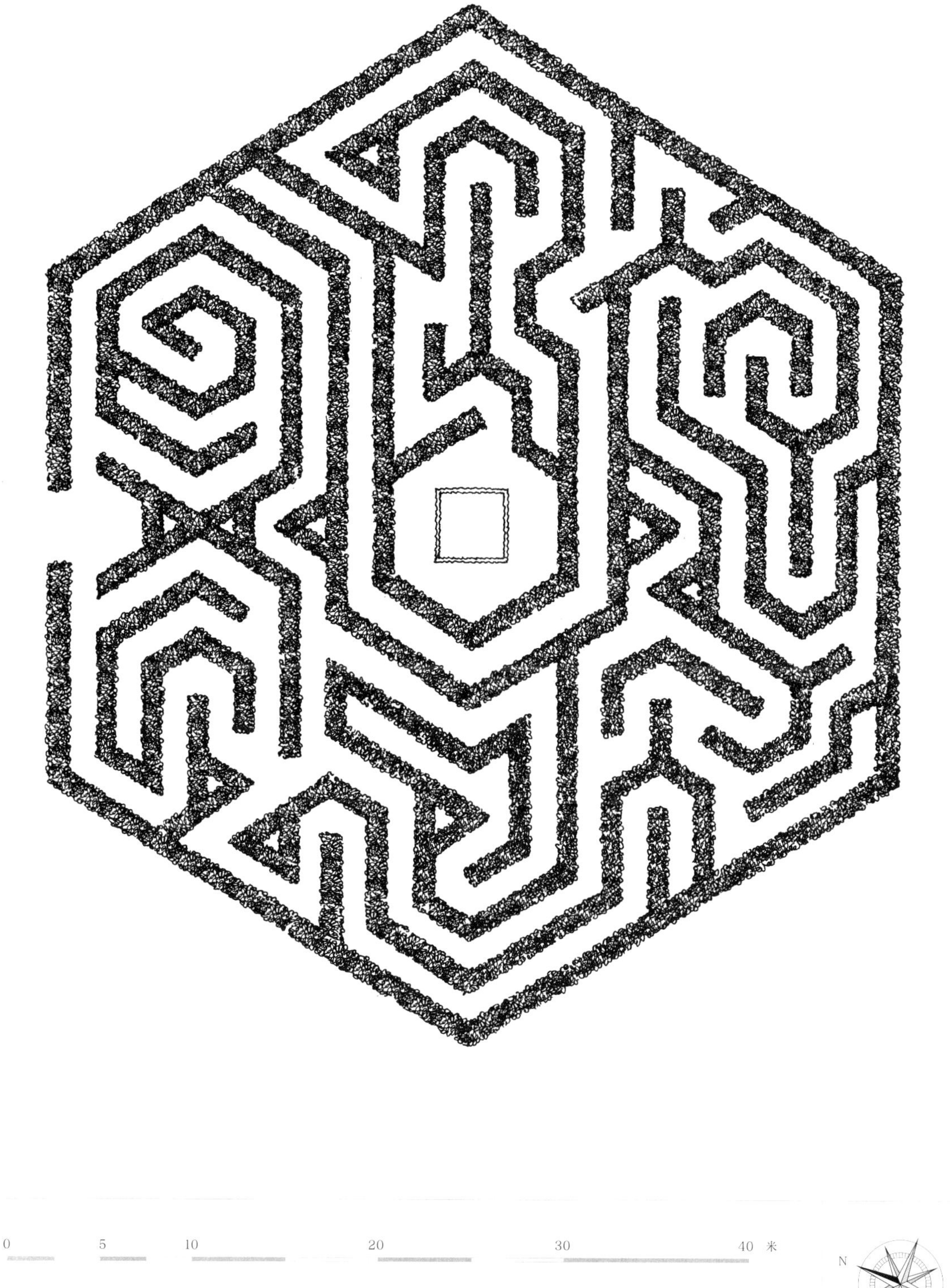

| 0 | 5 | 10 | | 20 | | 30 | | 40 米 |

| 0 | 10 | 20 | 40 | 60 | 80 | | 120 英尺 |

0 1 2 4 6 8 10 米

0 2½ 5 10 15 20 25 英尺

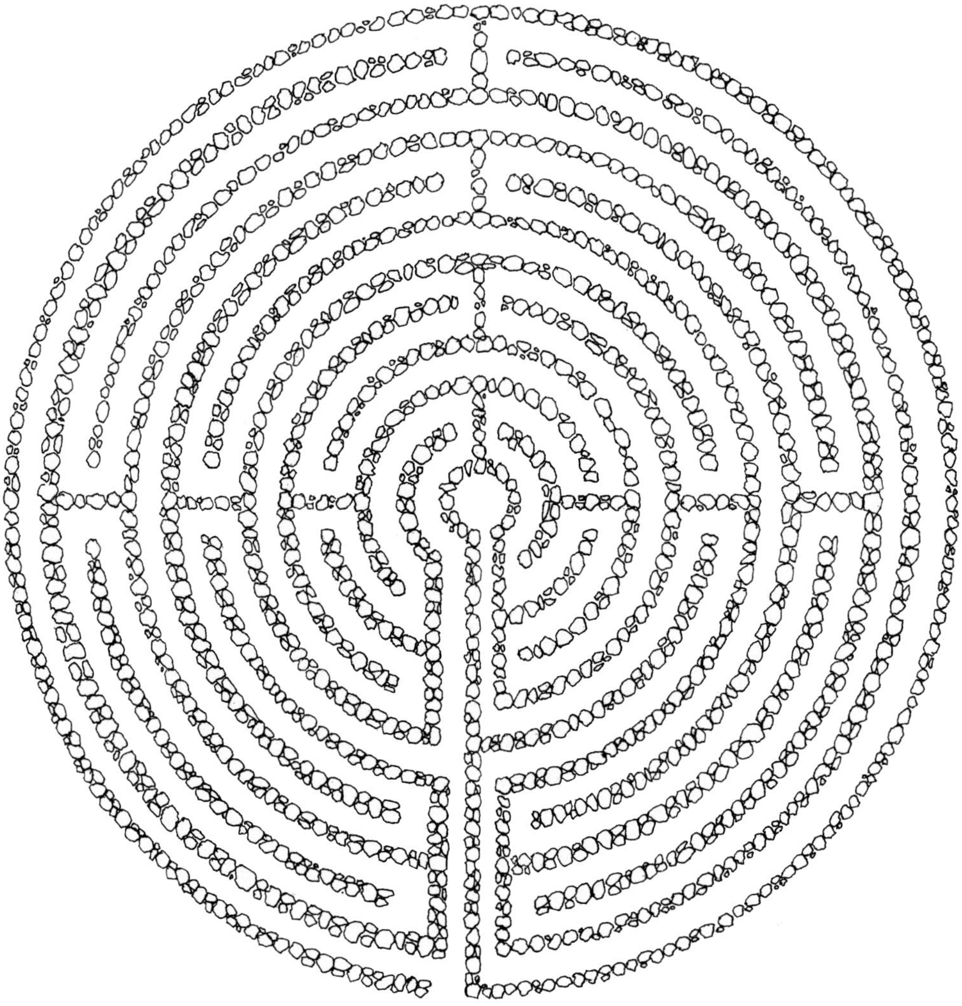

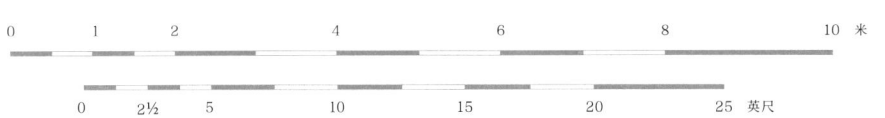

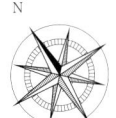

天涯海角

LANDS END

美国，加利福尼亚州，旧金山，金门国家休闲娱乐区，
天涯海角，滨海小径，天涯海角迷宫

石头 | 2004年

下面是太平洋，
上面是宽阔的天空，
天涯海角的春分和秋分庆祝仪式
仿佛已经举行了数千年，
而不是仅仅几十年。

户外迷宫与自然风光融为一体，是多么不可思议。这些迷宫的建造者仿佛用一根魔法杖指着地面："就是这里。"苏格兰古老的石头迷宫和波兰的石头迷宫之间可能没有任何联系，也可能冥冥之中属于一个更宏大的规划，只不过我们看不到。无论是哪种情况，人类建造迂回路径的冲动在加剧：毋庸置疑，如今越来越多的迷宫（和迷阵）被建造，比以往任何时候都要多。

位于加利福尼亚州北部的天涯海角迷宫是如此完美地结合了天然分布和人工堆砌的石头，以至于它建于21世纪这件事让人们感到格外惊奇。太平洋的海浪撞击着悬崖，旧金山在远处闪闪发光，周围的天空没有任何遮挡，这里是庆祝春分和秋分的完美场所，而这正是人们所做的事情，用灯照亮迷宫最外环或者沿着路径点火。这些仪式最初由迷宫的建造者爱德华多·阿奎莱拉（Eduardo Aguilera）倡导，如今已成为固定仪式。

墨西哥出生的阿奎莱拉在参观了旧金山的恩典大教堂后开始用石头建造迷宫。教堂里的两个石头迷宫，一个在室内，一个在室外，证明着女教士劳伦·阿托斯（Lauren Artress）的传教热情，她在沙特尔大教堂（见第22—23页）发愿。沙特尔图案如连环信那般传递到世界各地，重新焕发活力。尽管在2015年，有人打破了天涯海角迷宫的这一环，迷宫在无人看管的情况下遭到破坏，石头被扔下悬崖。多年来，这个迷宫多次遭到破坏，但它正成为一个标志性建筑，越来越多的人呼吁重建它。尽管石头迷宫非常脆弱，但它们持久地吸引着人们，哪怕没有明确的目的。阿奎莱拉认为迷宫代表了"和平、爱和启蒙"。可能就是这么简单。

迷宫中心的"目标"通常不受重视；
不过这座迷宫的中心是一座搭建在石窟上的观景台，
你必须穿过石窟才能重返文明世界。

利兹城堡
LEEDS CASTLE

英国，肯特郡，梅德斯通
欧洲紫杉 | 1987年

用凝灰岩雕刻成的哥特式怪人，
位于利兹城堡迷宫下的石窟里

肯特郡利兹城堡的迷宫是一个现代迷宫，设计师阿德里安·费舍尔用电脑画了迷宫的平面图。皇冠和权杖的设计意指那些曾在利兹生活的中世纪女王，但真正夺人眼球的是充满创意的迷宫中心。成功走到中心就能看到一个哥特式土墩，后面连着一个神奇的地下石窟，游客必须钻进石窟，再走过一条长长的隧道才能找到出口。这个中心让人觉得其他迷宫中心缺乏激动人心的设计似乎是个致命错误。

利兹城堡的委员会请石雕大师西蒙·韦尔蒂（Simon Verity）来装饰地下石窟，于是他带来了一支怀揣梦想的艺术家队伍，他们对18世纪的花园有浓厚的兴趣。石窟日后将成为一个文化宝藏，重现甚至超越了那个充满了古典传说、隐士和动人诗歌的时代。墙上和天花板上镶嵌着奇形怪状的木头、闪闪发光的矿石、骨头和贝壳，塞缪尔·泰勒·柯勒律治（Samuel Taylor Coleridge）的《古舟子咏》（*Rime of the Ancient Mariner*，1798年）中的句子刻在石窟入口处，营造出一种神秘的氛围："我们是闯入那寂静大海的第一人。"

石窟的设计团队包括朱利安和伊莎贝尔·班纳曼（Julian and Isabel Bannerman），他们很快就会为查尔斯王子（Prince Charles）在他格洛斯特郡的家——海格洛夫庄园——建造寺庙和神殿。班纳曼夫妇深受达勒姆的托马斯·莱特（Thomas Wright of Durham）的《凉亭和石窟》（*Arbours and Grottos*，1755年）的启发。凭借他们的知识和热情，利兹城堡迷宫的出入口与韦尔蒂奇妙的地下世界非常合拍，尽管他们的设计并不在计划之中。在其他人收工之后，班纳曼夫妇继续在入口下面建造了一个木头隐居处，表面覆盖着从约35千米远的诺尔庄园找来的无烟煤和果实。这导致出口看起来显得沉闷；于是他们用上了死去多年的老榆树的树干，上面生满了树瘤和毛刺。

隆德巴克

LINDBACKE

瑞典,尼雪平,隆德巴克特洛伊堡
草皮上放置岩石 | 可能是青铜时代

分散在波罗的海沿岸,甚至英格兰北海区域的"特洛伊城"可能与古城特洛伊没什么关系。但是这些环形迷宫就叫这个名字,无论是斯堪的纳维亚半岛的石头迷宫,还是英格兰的草皮迷宫。可敬的迷宫学者,已故的赫尔曼·克恩认为,瑞典的"特洛伊堡"和丹麦的"特罗里堡"更可能源自代表"圆型城"或"舞蹈之城"的北欧词语——特洛伊战争在文化上太遥远了。瑞典拥有世界上最多的特洛伊城,建造这些迷宫的人主要是渔民。

作为一种捕获恶灵、保证好收成和好风向的方法,环形迷宫是一种实用的设计。其入口/出口背对着大海。大多数幸存的特洛伊城都是在海岸线附近建造的,这能够帮助人们给这些地画断代。由于海岸线已经缓慢地后退,那些仍然靠近海岸线的迷宫应该建于中世纪早期之后。这个略呈椭圆形的特洛伊城也曾经临海,而现在它与波罗的海之间已经被建筑物隔开,它是比较古老的迷宫之一。

迷宫是为进行仪式而建造的。更具体地说,在隆德巴

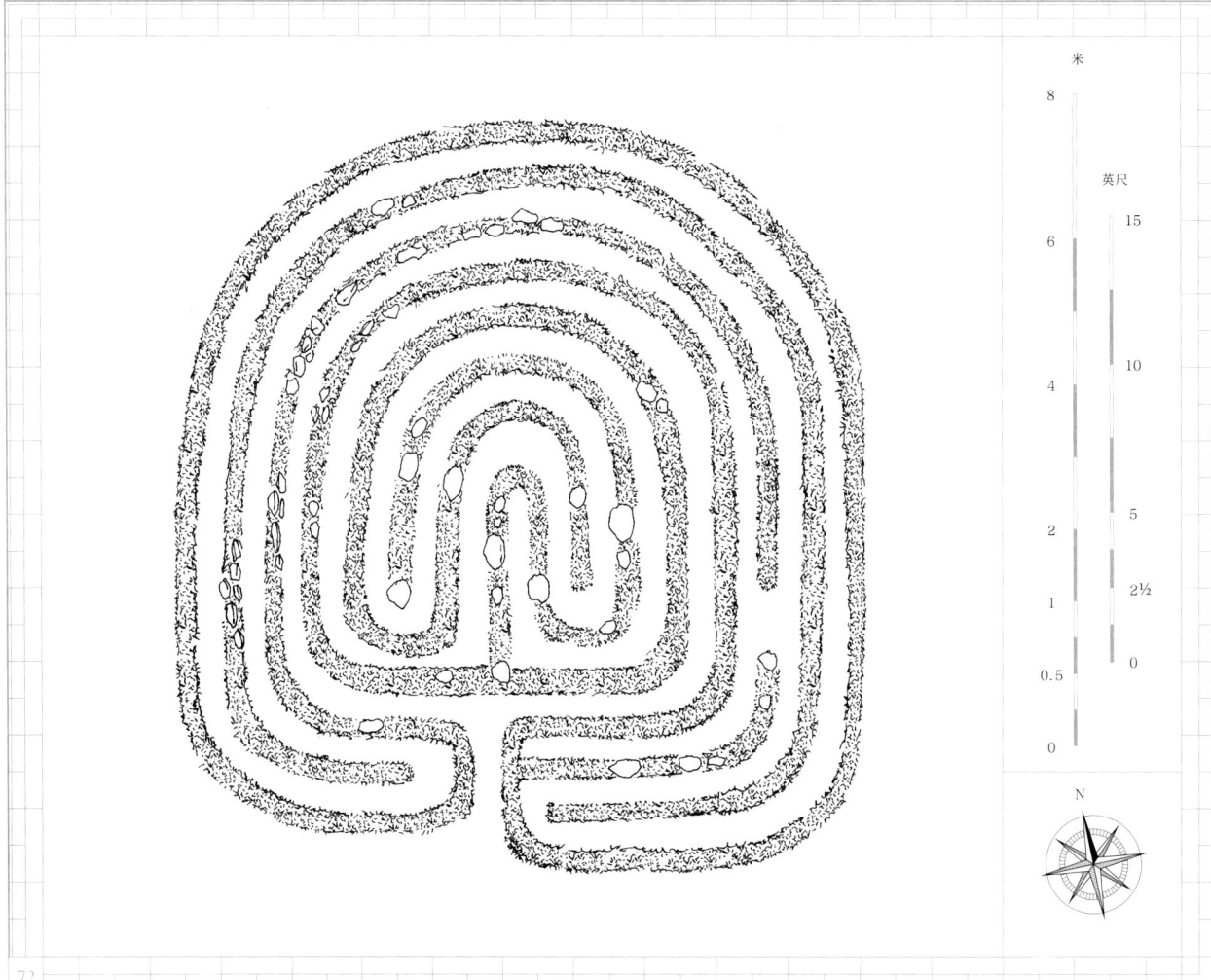

迷宫建在波罗的海岸边的一片林间空地上。
它的名字来自瑞典语中的"树丛"和"山坡"

斯堪的纳维亚的迷宫设计让人能够快进快出，这样才能躲避邪恶的海神。

克和斯堪的纳维亚的其他地方，迷宫的设计让人能够快进快出——这样才能躲避邪恶的海神。迷宫也是为舞蹈而建造的，而且似乎一直以来都是如此。在纳克索斯岛上，阿里阿德涅带领那些刚从米诺陶的迷宫中逃出来的雅典童男童女跳起了"鹤舞"，这是为了表达感谢和庆祝。他们模仿鹤的求偶仪式，舞步还必须遵循古典的迷宫形状。

0 2 4 8 12 16 20 米
0 5 10 20 30 40 50 英尺
N

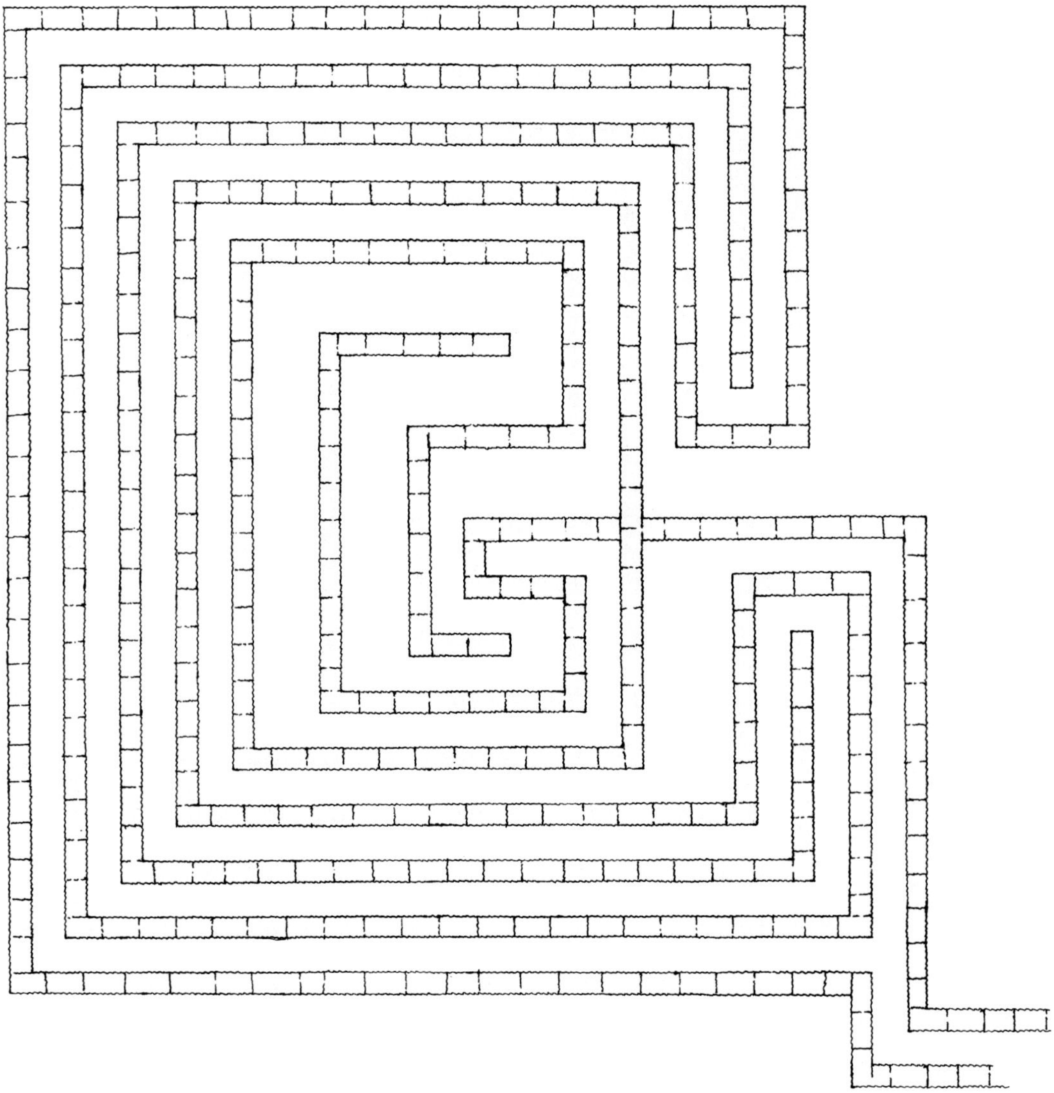

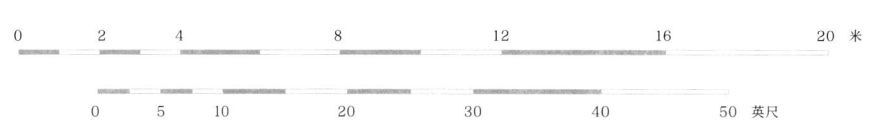

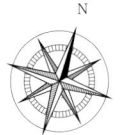

里希卡
LÍTHICA

西班牙,梅诺卡岛,休达德拉,里希卡采石场,图腾迷宫
马雷斯石灰石 | 2014年

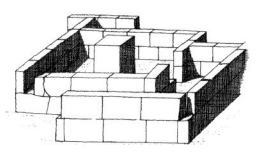

梅诺卡岛最深的采石场底部的迷宫由被称为马雷斯的巴利阿里石灰石组成

古代传说中的巨大迷宫是一个关于石头的故事。克里特岛的死亡陷阱——进去容易,却几乎不可能走出来——可不是用紫杉或黄杨打造的花园奇景。迷宫的路径是混乱的几何,无论方圆。为了更好地感受牛头怪米诺陶顾影自怜的迷宫,我们需要前往地中海上的一座小岛,那里有用苍白的石头——而不是树篱——建成的迷宫,坐落在令人叹为观止的场景中。

废弃的里希卡采石场位于西班牙东南海岸的梅诺卡岛东端,绝对具有建造迷宫的潜质。它有着倾斜的道路和惊喜重重的岔路,虽然毫无方向可言。在最深的大坑的底部——直到20世纪90年代人们还在这里采石,有一个位置极佳的多层迷宫,是对克里特岛上传奇故事的致敬。围着它的只有高耸的石墙,白天热得像地狱,游客们抱怨这里没有咖啡馆。随着午后肆虐的阳光渐渐退去,成群结队的蚊子扑面而来。用来囚禁米诺陶,这里再合适不过了。

里希卡是一座令人叹为观止的花园,建在古老的手工采石痕迹和机器开采留下的巨大坑穴连成的网中。这里有流淌着汩汩喷泉的秘境,植被茂密;也有没有经过人工干预的荒芜。1996年刚开始修建花园时,就建了一座比较小的迷宫,和现在的设计相同;2014年,在里希卡建成20周年之际,一座新迷宫竣工了,这是四个迷宫设计之一。巴利阿里本地的石头叫作马雷斯(marés),是一种石灰石,呈白垩色或者深赭石色。从前,岛上的所有东西都是用马雷斯建成的,而现在它被认为是一种稀有材料。与众多古老建筑相得益彰的,是无处不在的火山石,石墙是西班牙、意大利和希腊的所有地中海岛屿的精髓。

> 这个地中海采石场底部伤痕累累的迷宫墙壁将传说中的监狱变为现实。

郎利特
Longleat

英国，威尔特郡，郎利特，太阳迷宫和月亮迷阵，树篱迷宫
欧洲紫杉和六座木桥 | 1996年，1975年

位于威尔特郡的郎利特庄园，
是第一个向公众开放的英格兰豪宅

一个迷宫可以有多少种象征意义？在郎利特庄园的大片土地上有许多迷宫，其中有两个可能给出答案。1996年，巴斯侯爵[1]请来著名的迷宫设计师兰道尔·科特，希望为卧室窗外增添别样风景。于是科特设计了一个巨大的太阳。当然，不只是一个太阳，它还是牛头怪米诺陶，是酒神巴克科斯（Bacchus）。如果你知道自己在找什么，站在东边阳台上，你还会看到海神涅普顿（Neptune）的三叉戟，阿里阿德涅的线，忒修斯的船、头盔和剑，还能看到一柄双刃斧，它不仅是克里特岛的象征，还是岛上效忠女神的符号。

科特用后半生的时间在世界各地建造了许多迷宫，它们都有一种对称感，它们的回环往复被包裹在一个规整的框架中。实际上迷宫是不可能对称的，因为需要连通的道路太多了。然而，郎利特庄园里同时期建造的月亮迷阵完美地制衡了太阳迷宫的复杂性。科特将这对迷宫描述为"独一无二的并列"。巴斯侯爵是一个乐于接受新事物的客户，非常欢迎这一阴阳二元性设计。

除了昼夜和日月的基本对比，两者并排放置从视觉上又让人想起那个老生常谈的问题：迷宫和迷阵到底有什么区别？科特用极具说服力的文字回答了这个问题，并列对比了迷宫中"让人头晕目眩的回环往复"和迷阵中"规整纯粹的线条"。

线条的规整纯粹掩盖了迷阵的复杂性。科特在与巴斯的通信中写道，他想传达"在米诺陶的监狱中过夜的感觉"。新月不仅代表月亮，还代表伊卡洛斯的翅膀；每条通路尖端的急转弯，都象征着代达罗斯为自己和他苦命的儿子用蜡打造的翅膀的尖端。虽然与太阳迷宫的狂暴肆虐相比，月亮迷阵的气氛安宁且沉静，但它其实讲述了一个关于囚禁和出逃的故事。

郎利特的巨型树篱迷宫——在此建造的第一个迷

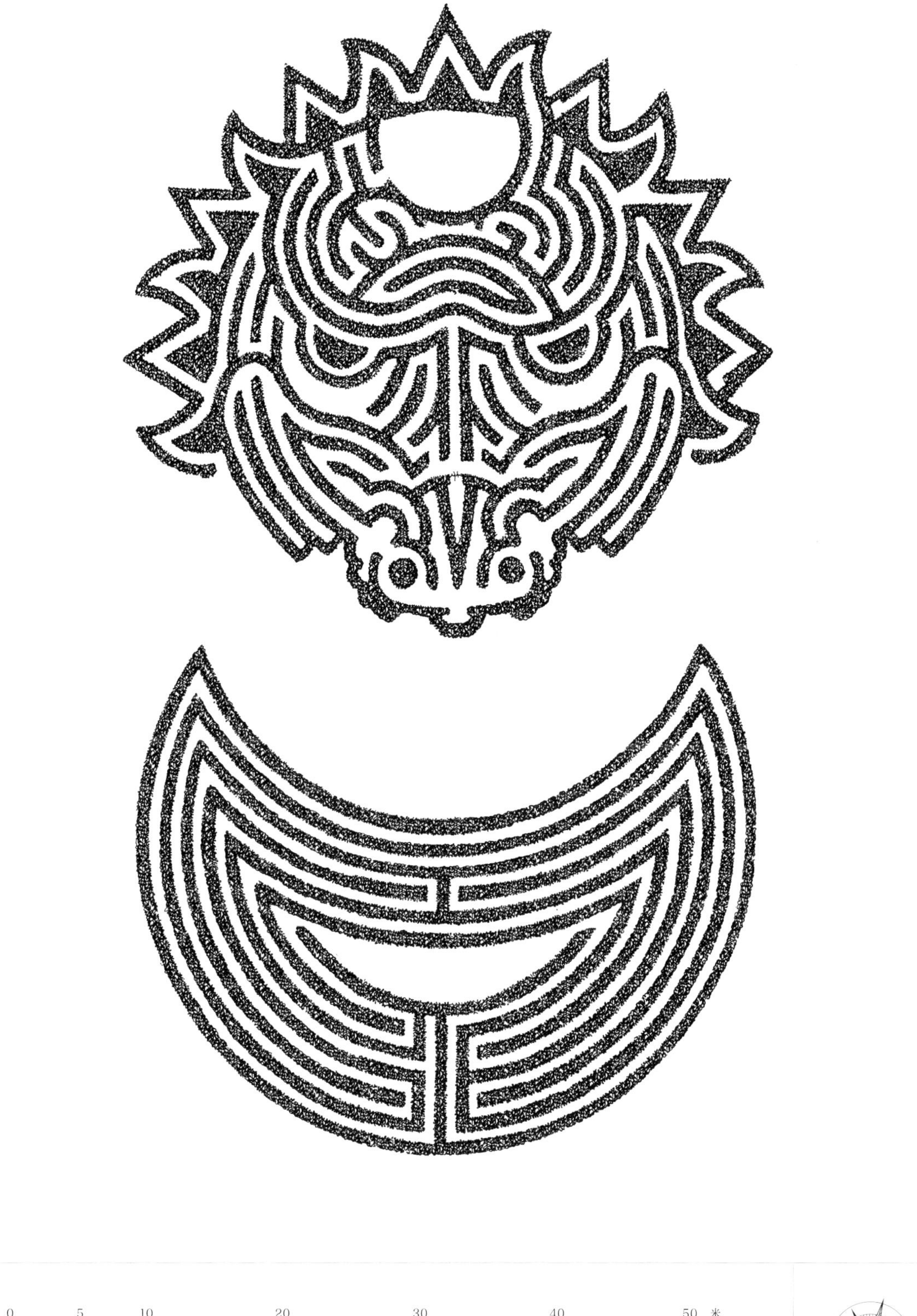
0 5 10 20 30 40 50 米
0 10 20 40 80 120 英尺
N

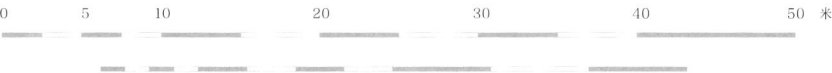

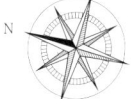

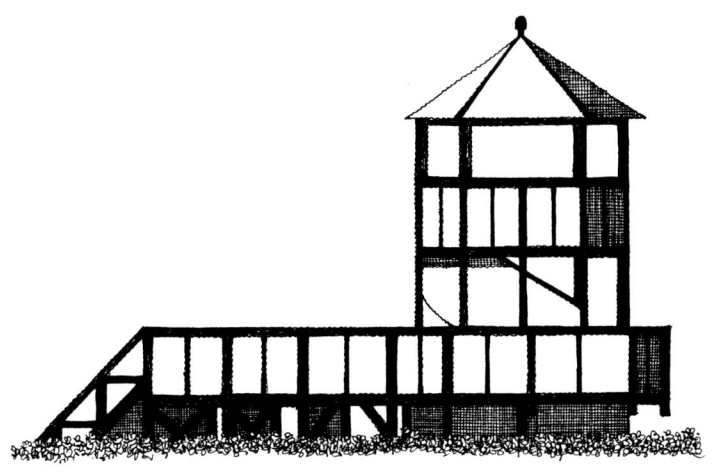

虽然六座桥和地道使郎利特庄园的第一个大迷宫更复杂，
但中间的观景平台有利于人们找到快捷的出口

宫——被认为是世界上最难的一个迷宫，有一段时间也据称是世界上最大的。迷宫的六座桥和地道看似能够帮助人们找到正确的路，其实给绵延2.7千米的道路增加了更多的岔路；只有抵达观景台，才可能找出一条快捷的出路。

不是每个人都喜欢迷路的感觉。在巨大的迷宫中，即使有备而来，也有可能花上好几个小时才能走出去。在迷宫的紫杉树篱间，隔一段路就有一些牌子，游客可以把这些标志举过树墙，这是一种无声的求救信号，牌子上写着"迷路请举起我"。1975年，现任的巴斯侯爵[2]委托格雷格·布莱特（Greg Bright）建了这座树篱迷宫，这是郎利特庄园的第一座迷宫。1989年，迷宫进行了扩建。它为新一波现代设计铺平了道路，游客们喜欢花钱被难倒在迷宫里，主人也很高兴游客们喜欢这里。巴斯自己又定做了另外五座迷宫：格雷厄姆·伯吉斯（Graham Burgess）设计的"爱的迷阵"（1994年），科特的太阳迷宫和月亮迷阵（见第78—79页），阿德里安·费舍尔设计的亚瑟王镜子迷宫（1998年），以及蓝色彼得迷宫（2001年）——一档受欢迎的儿童电视节目举办的迷宫设计竞赛的获奖作品。

在郎利特迷宫建成的时代，人们还在用纸书写他们的生活故事，而不是用电子移动设备分享，巴斯侯爵的回忆录中有一章题为"拒人千里的迷宫"。用手机查地图方便多了；只要有信号，我们就再也不怕迷路，哪怕一棵树遮住了迷宫的一部分。所以也许用手机是在作弊。2010年，《每日邮报》（*The Daily Mail*）就这么认为，它的报道标题是"还有乐趣可言吗？用苹果手机作弊，几分钟之内走完全英最大的树篱迷宫"。

1　指第七代巴斯侯爵亚历山大·锡恩（Alexander Thynn，1932—2020年）。
2　即第七代巴斯侯爵。

**巨大而复杂的迷宫为参观这幢豪宅增添了新的游览项目：
邀请游客彻底迷路。**

莱福顿
Lyveden

英国，北安普敦郡，昂德尔，莱福顿新避难所
草皮 | 约1605年

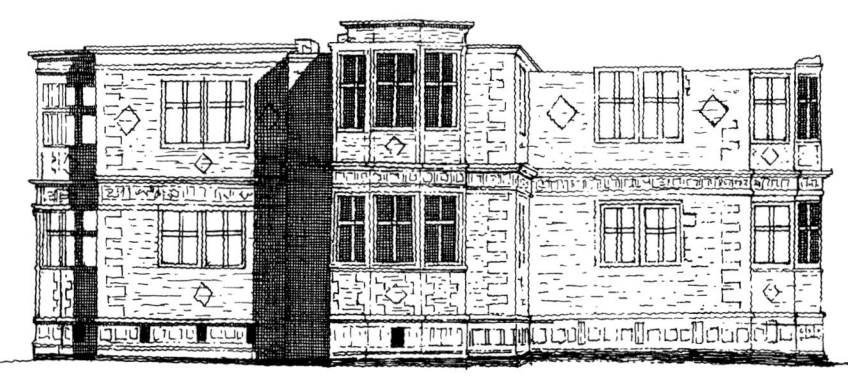

由于一直未完工，
莱福顿这座伊丽莎白时代的房子永远都是"新建筑"

在新教主导的时代，由坚定的天主教徒建造的"秘密"房屋如果没有隐藏的迷阵，那才叫奇怪。顾名思义，莱福顿新避难所从未竣工。这是一个由著名的天主教徒托马斯·特雷沙姆爵士（Sir Thomas Tresham）督建的项目，他因坚持信仰而遭到巨额罚款。新避难所本可以成为一幢住宅，从老庄园穿过田野就能到达。在前往新房子——被设计成十字架样式并装饰了大量天主教标志——的路上，家人和客人会路过一大片护城河围绕的草地，草地上的覆盆子和白玫瑰围成了圆形。

托马斯爵士在信件里提到他的"护城河果园"时用了很多隐喻。他于1605年去世，房子和花园都未完工。现在，护城河旁边的果园已经恢复，国家信托基金在伊丽莎白一世时代的树坑里补种了数十种果树。另一个护城河区域一直是一个谜，直到2010年人们仔细研究了纳粹德国空军在1944年航拍的照片。几个世纪的耕作模糊了土地上的十重回路，但是靠着骑乘式割草机的帮助，它们获得了重生。随着研究的深入，人们很可能重新种植有特殊含义的植物，覆盆子象征基督的血，白玫瑰象征圣母玛利亚的纯洁。

托马斯爵士将他在北安普敦郡的数处房产和债务一起留给了他的儿子弗朗西斯（Francis），弗朗西斯被牵连进了火药阴谋[1]，同年在伦敦塔死于"自然原因"。他被认为就是那个写信给蒙特伊格（Monteagle）密告炸毁议会大厦计划的人。弗朗西斯的儿子路易斯（Lewis）继承了家产，由于在一年内换了三位主人又缺乏资金，莱福顿新避难所被遗弃，没有屋顶地矗立在那里，它的迷宫直到最近才被发现。

---

1 1605年，一群英格兰天主教徒企图炸毁议会大厦，杀死国王詹姆斯一世，因有人写匿名信给上议院议员蒙特伊格，计划败露。

在纳粹德国空军拍摄的航拍照片中，
发现了大约与火药阴谋同时期建造的刻在土地上的十重回路。

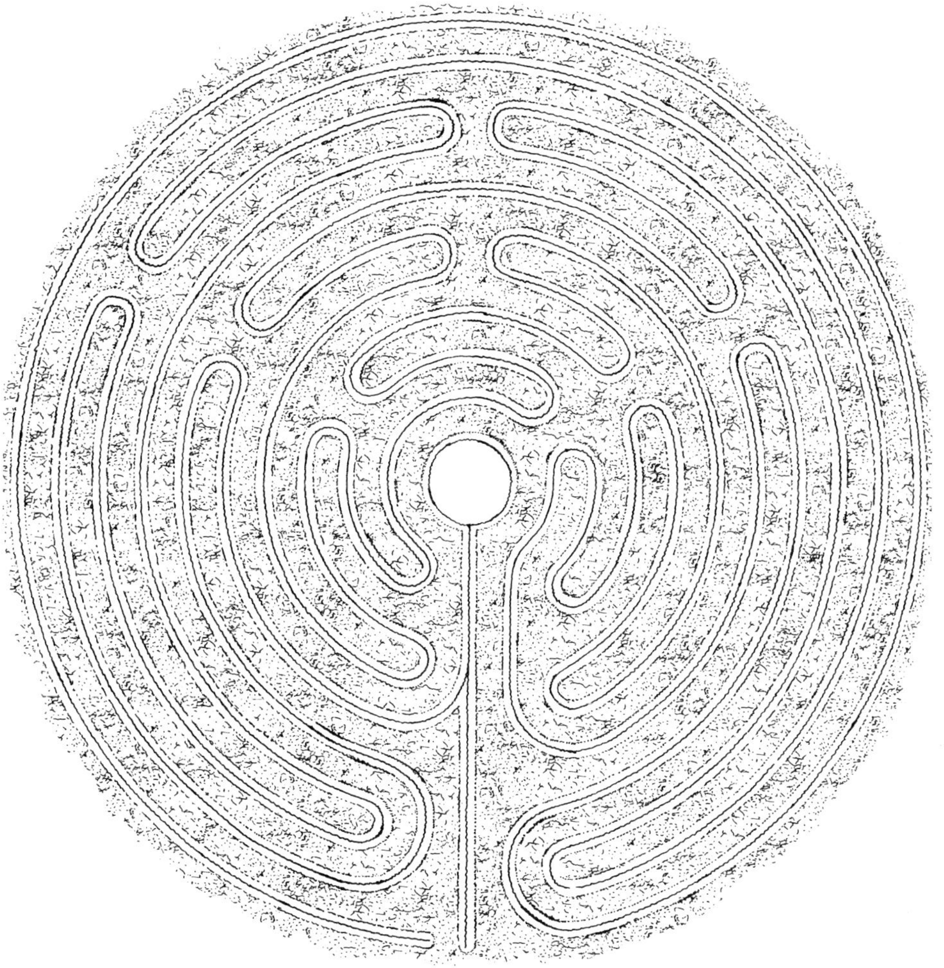

马尔堡
Marlborough

英国，牛津郡，伍德斯托克，布伦海姆宫，马尔堡迷宫
欧洲紫杉 | 1991年

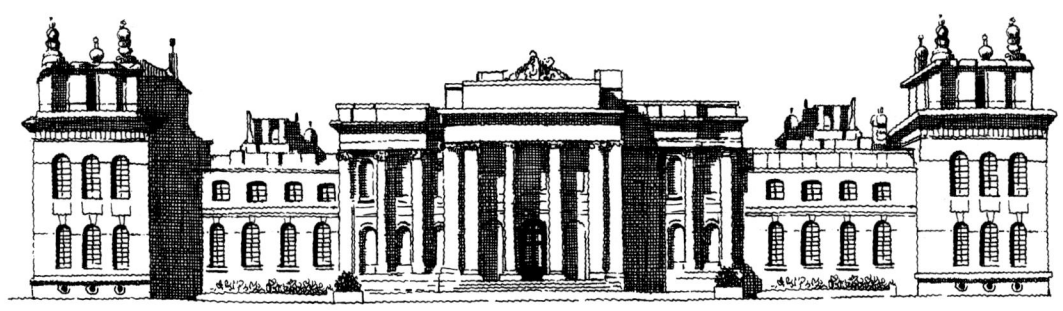

布伦海姆宫由约翰·凡布鲁（John Vanbrugh）设计建造，
屋顶雕塑设计来自吉林林·吉本斯

如果克里特岛上的迷宫可以用于囚禁国王不同寻常的继子，那么在英格兰它也可以用于藏匿国王的情妇。在亨利二世（Henry II）执政期间，"美人罗莎蒙德"被认为是王国中最美丽的女人。她被安置在凉亭里——这座凉亭既是温柔乡，又是牢笼。国王的安排可以确保迷人的罗莎蒙德·克利福德（Rosamund Clifford）永远不会撞见他的妻子阿基坦的埃莉诺（Eleanor of Aquitaine）。但是，和忒修斯一样，王后带着杀心找到了进入迷宫的路。故事的结局是，她让罗莎蒙德选择自行了断的方式：匕首，还是毒药。

一个美丽的女孩年轻的生命在王后复仇的火焰中香消玉殒，这是讲故事的人喜闻乐见的桥段。但在结束与亨利的私情后，英格兰这位悲剧的白雪公主可能只是归隐到她长大的修道院里去了。在18世纪早期，伍德斯托克皇家鹿园被赐予第一代马尔堡公爵，以奖赏他在对法战争中的功勋，凉亭迷宫被拆毁。布伦海姆宫建于18世纪的前30年，是英格兰唯一一座不属于王室的宫殿，当时树篱迷宫在欧洲非常流行。到20世纪末，布伦海姆宫终于迎来了自己的迷宫。

马尔堡迷宫是第十一代公爵的提议，用来纪念第一代马尔堡公爵。布伦海姆宫屋顶上由吉林林·吉本斯（Grinling Gibbons）设计的装饰雕刻（包括旗帜、号角和炮弹）被融入了迷宫的设计。迷宫由兰道尔·科特和阿德里安·费舍尔于1991年打造，穿插着小桥和凉亭，方便找到跑来跑去的孩子或者出路。高出树篱的平台是现代迷宫的实用创新，建造它们是为了休闲，而不是囚禁。

很久以前，伍德斯托克的鹿园是罗莎蒙德凉亭的所在地，即亨利二世情妇的隐居之处。现在的迷宫是第十一代马尔堡公爵为纪念第一代公爵而建造的。

马索内
MASONE

意大利，帕尔马附近，丰塔内拉托，马索内迷宫竹子，
主要是蓉城竹（*Phyllostachys bissetii*） | 1998—2015年

在里奇巨大的迷宫中心的金字塔形教堂的地面上，
还有一个小迷宫

传统基督教迷阵是对信仰的考验。迷阵中心没有任何东西，旅程的终点即回程的开始。丰塔内拉托的巨大迷宫更多地借鉴了罗马马赛克拼贴的布局，迷宫中心是实体。和古代特洛伊城被迷宫般的城墙保护着一样，这个迷宫也需要几个小时走进去或者走出来。在克里特岛的故事里，迷宫中心有一个怪物。而帕尔马附近的马索内迷宫的中心更具吸引力，这里有艺术品收藏、图形设计博物馆和高级美食。

迷宫的建造者是豪华书籍出版商弗兰克·玛利亚·里奇（Franco Maria Ricci），他把马索内迷宫称为"一座被迷宫包围的城市"，宽敞的空间甚至包括一个金字塔形的小教堂。他是一位收藏家，为了解决艺术品太多没地方放的问题，他在1998年卖掉自己的出版社后建了这座迷宫。里奇长期以来对思想和迷宫之间的关系感兴趣，他出版过意大利象征主义作家翁贝托·艾柯（Umberto Eco）的作品和阿根廷作家豪尔赫·路易斯·博尔赫斯（见第18—19页）的《迷宫》。当他向博尔赫斯提到自己打算建造世界上最大的迷宫时，博尔赫斯回答："有什么意义？这样的迷宫早就已经存在了；它就是沙漠。"

这反而刺激了里奇，之前世界上最大的迷宫的纪录保持者是夏威夷的菠萝花园迷宫，里奇的迷宫比它大五倍。除了中心的绿洲，旅程本身也是竹子爱好者——里奇本人正是其中一员——的天堂。他在这里种植了20种不同的竹子，共计2万多棵，他相信耐久且抗病的竹子对周围的环境大有好处，而且能吸收大量二氧化碳。

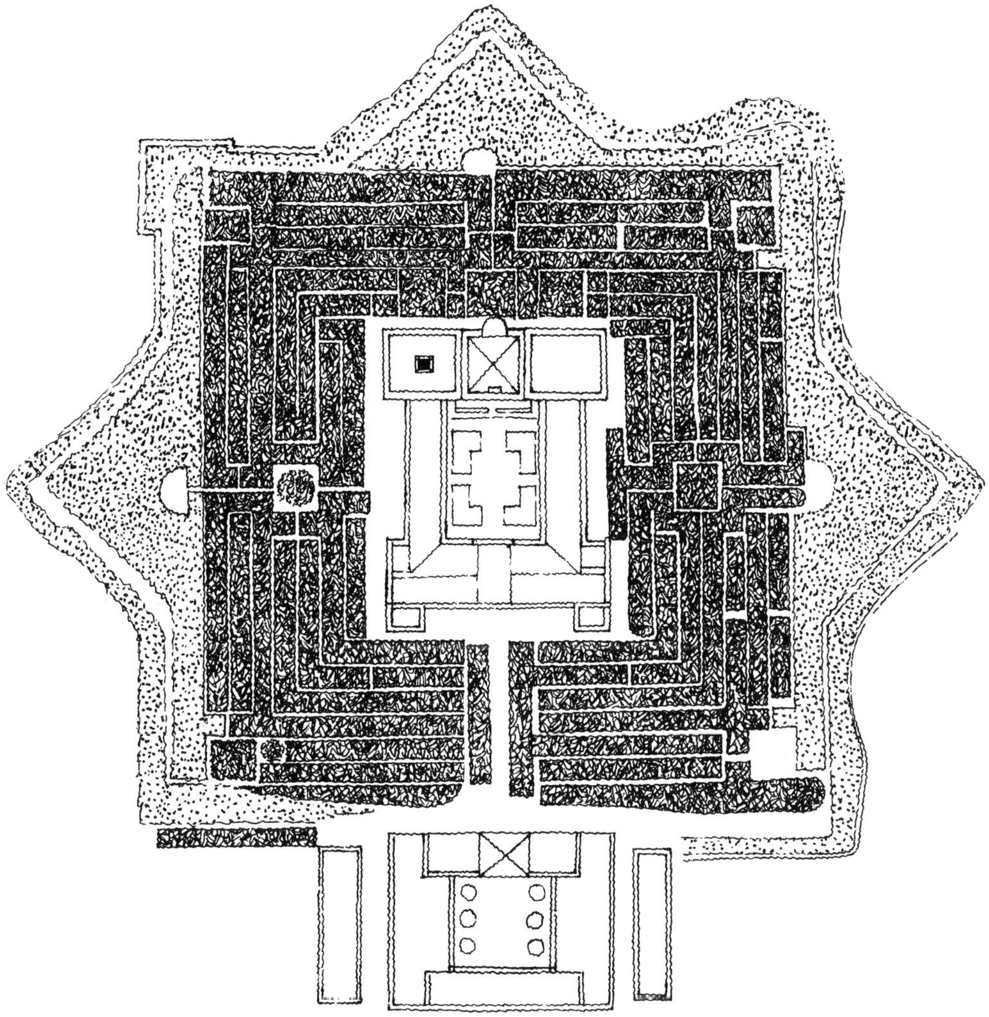

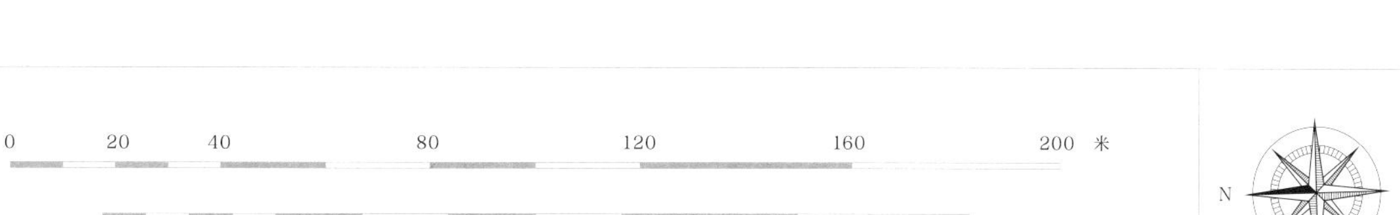

| 0 | 20 | 40 | 80 | 120 | 160 | 200 米 |

| 0 | 50 | 100 | 200 | 300 | 400 | 500 英尺 |

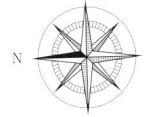

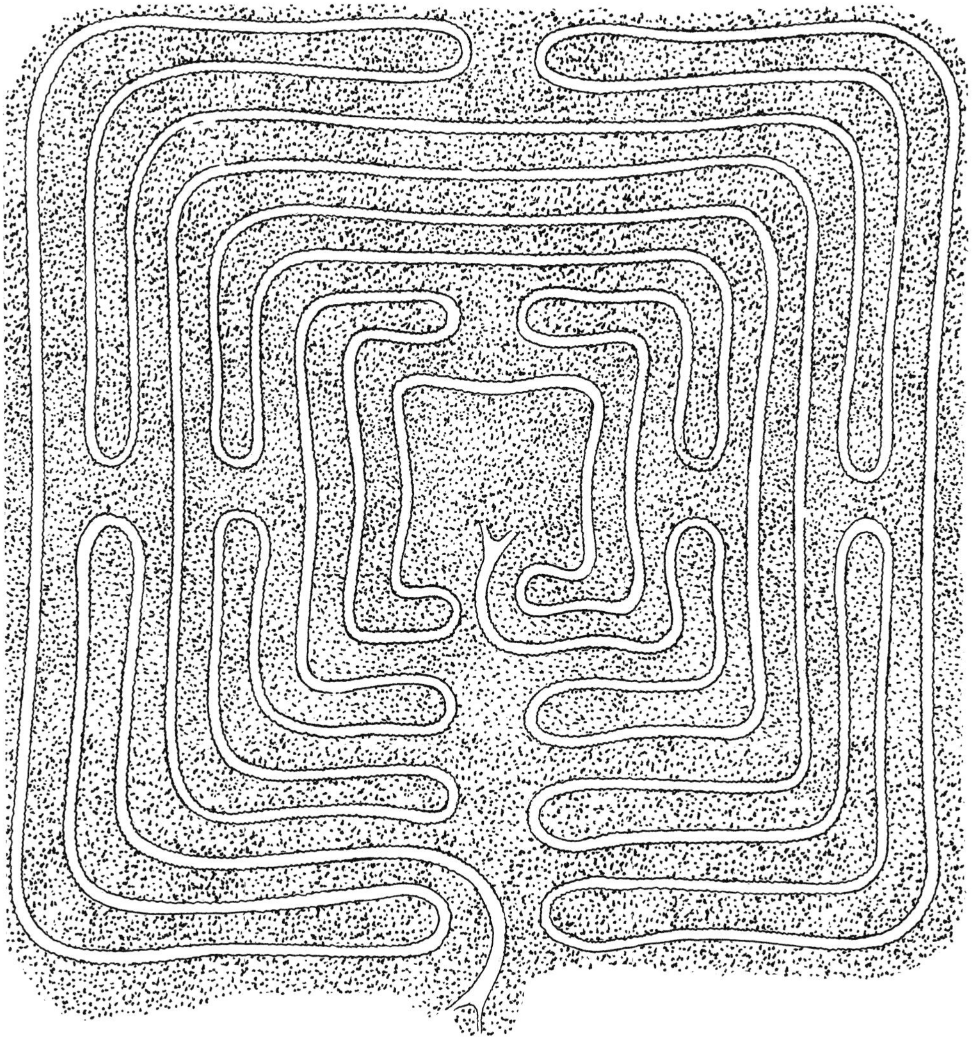

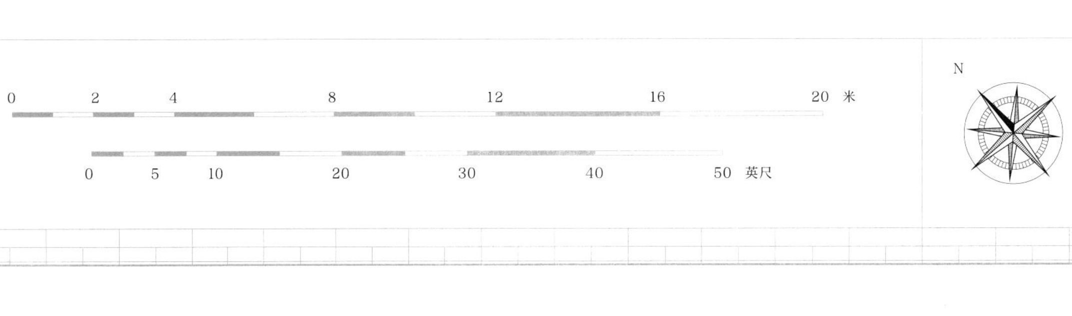
0 2 4 8 12 16 20 米
0 5 10 20 30 40 50 英尺
N

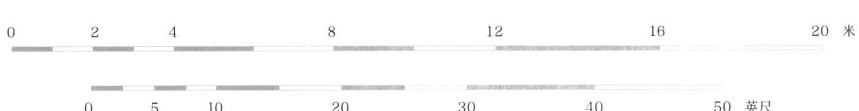

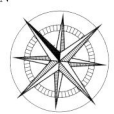

谜思迷宫
Mismaze

英国，汉普郡，温彻斯特，圣凯瑟琳山
草皮 | 约1660—1690年

圣凯瑟琳山散布着灌木丛，山顶是一片小树林，比起当地公学的学生们，遛狗的主人们更喜欢这里

老普林尼（Pliny the Elder）在他调查公元1世纪罗马生活的百科全书《自然历史》（Naturalis Historia）中提到，迷宫"诞生于儿童娱乐场"。英格兰南部温彻斯特的山上有一座能够俯瞰该城的迷宫，它既不是古人留下来的，也不是从罗马输入的，它与学校的孩子们密切相关。"谜思迷宫"（mizmaze，在温彻斯特俚语中写作mismaze）的意思就是"迷宫"——只不过更接近迷宫的精髓。

温彻斯特公学有一种在迷宫中进行的比赛，曾经被师生们称为"交费迷宫"（tolling the labyrinth）。"交费"（toll）就是跑，作为温彻斯特俚语，这个词至今仍被使用。"早山"（morning hills）以前指早晨一起床就去爬附近的圣凯瑟琳山。现在学生们不能爬这座山了，他们也几乎都没听说过迷宫和比赛的事。与此同时，著名的威克姆人俚语[1]（例如"俚语"[slang]这个词的俚语是"概念"[notions]）每年都在减少。

虽然温彻斯特公学成立于1382年，是英格兰最古老的公立学校，但山上的迷宫（隶属于学校）直到大约300年后才有记录。1833年，温彻斯特公学的学监可能重新切割过草皮并扩建了迷宫。人们已经注意到，有些东西可以给圣凯瑟琳山带来一种特殊的氛围（好几座草地迷宫都是这样，例如朱利安凉亭，见第66—67页，那里有一种超凡脱俗的感觉）。围绕着一圈山毛榉树丛，迷宫沿着古代山顶堡垒的边界用白垩雕凿出来。这些树木标志着一座早已毁坏的小教堂的位置，这座小教堂是为了纪念殉难的圣徒亚历山大的凯瑟琳（Catherine of Alexandria）。学校流传的版本是，一个忧郁的学生在一个孤独的假期独自建造了这座迷宫，结果一完工他就英年早逝了。

---

[1] 为了纪念温彻斯特公学的创始人威克姆的威廉（William of Wykeham），温彻斯特公学的学生被称为"威克姆人"（Wykehamist）。

> "谜思迷宫"的意思就是"迷宫"
> ——只不过更接近迷宫的精髓。

0　　4　　8　　　　16　　　　　24　　　　　32　　　　　　40 米

0　　10　　20　　　40　　　　　60　　　　　80　　　　　100 英尺

莫 顿
Morton

美国，伊利诺伊州，莱尔，莫顿植物园，莫顿迷宫花园
各种常绿和落叶植物 | 2004年

梧桐瞭望台是一座高3.6米的观景平台，
围绕着一棵梧桐树而建，坐落在迷宫花园的一隅

走在莫顿迷宫花园里，就像在一片枝繁叶茂（还挂着标签）的树林中漫步，这会带给你历史悠久的迷宫并不常有的能量。它富有质感，随着季节变换，有着比绿色更丰富的颜色。就连脚下的道路也被精心美化过，由碎石铺就。植物园的创始人，莫顿盐业的乔伊·莫顿（Joy Morton）先生，于1922年开始创造自己的植物天地。后来，他在内布拉斯加州捐款又建了一个，他的父亲曾经是那里的树木保护主义者。这就是莫顿迷宫花园的风骨：它由植物爱好者一手创建。

组成树篱的植物们按照天性在这里自由生长；有些长得尖，有些铺得远。不仅有常绿的紫杉与白色雪松的大树冠形成对比；山茱萸和丁香夹杂在中间，为花园增添色彩和香气；齿叶荚蒾（*Viburnum dentatum*）还带来新鲜舒展的大叶子和浆果。在迷宫中放置"迷宫走法"的路标并不罕见，但它在莫顿迷宫花园里始终是不引人注目的引导，门也根据工作人员的心血来潮打开或关闭。今天的迷宫会更难走吗？

迷宫的位置是刻意安排的，紧挨着植物园的入口。在城堡里，迷宫通常是访客首先通过的地方，在他们冒险进入主要部分之前扰乱他们的心神。在莫顿，迷宫是一种消遣，而不是干扰：它低调地介绍了树木的栽培知识。围绕一棵18米高的梧桐树建造了一座瞭望平台，这可是个停下来给迷宫里的人指路的好地方，尽管这不是迷宫的"目的地"。在出口处，游客们的思想已经得到升华，他们可以选择自己想去的地方了。用T. S. 艾略特（T. S. Eliot）的话来说，结束就是开始。

纳斯卡
Nazca

秘鲁,朱马纳草原,纳斯卡荒漠,纳斯卡线条
土地 | 公元前100—公元700年

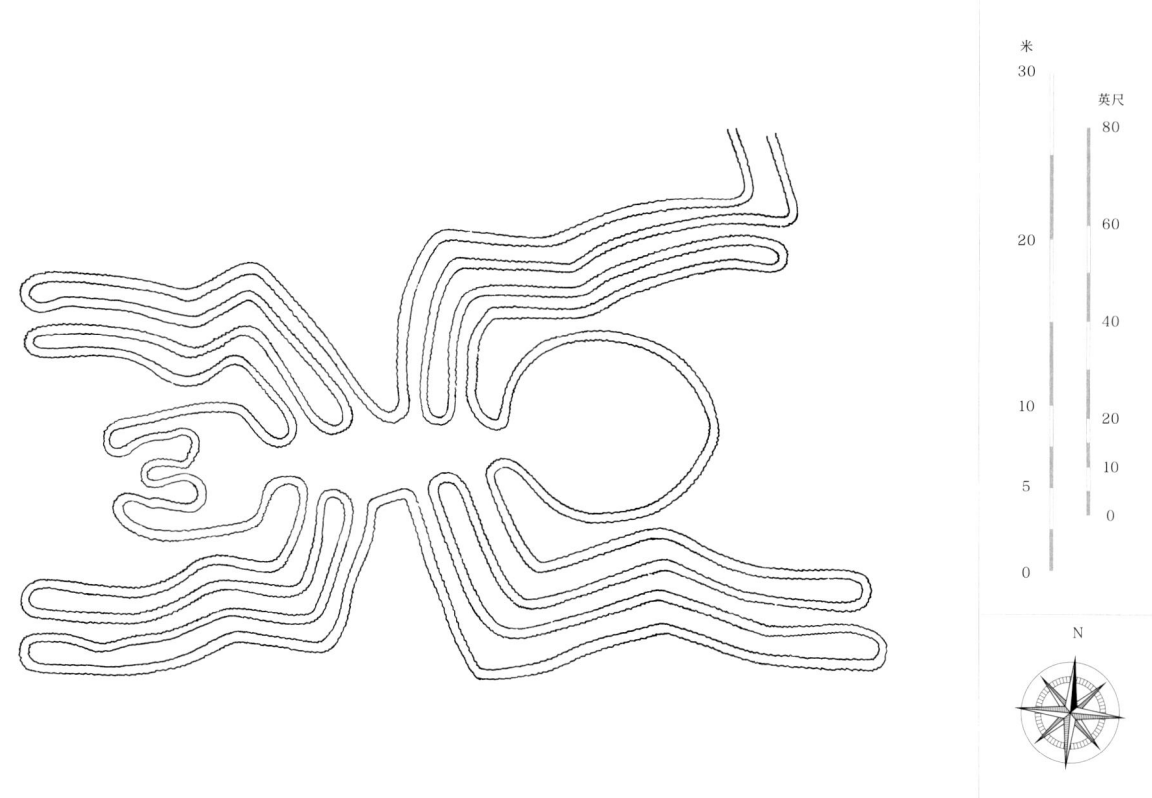

　　纳斯卡线条很少被称为迷阵,它们抵制这种简单的标签。然而,从天上可以看得很清楚,这些蜘蛛、猴子、蜂鸟、雷鸟和其他图形,都具有单一路径,有入口和出口。在航拍图中,这些形象作为民间艺术的魅力与它们的神秘和力量一样引人注目。更值得注意的是,当时的人们是没法从空中欣赏的——最多只能从周围的山上看一看。

　　纳斯卡线条位于利马东南约320千米处。更准确地说,这些迷宫图形和看似彼此没有关联的线条,应该叫作凹陷地画——从沙漠平原上刮去沉积岩颗粒,在底层的干土上刻上线条。它们是由纳斯卡人和帕拉卡斯人在800年间的不同时期制造的。由于这个地区降雨量极少,也不刮风,线条保存得非常完好,但是平原确实遭到了践踏:1939年开始,泛美高速公路直接穿过了巨型蜥蜴图案。

　　这些线条自然吸引了阴谋论者,他们认为这是地球人与外星人交流的方式。最近的研究指出:在这样一个每年降雨量少于2.5厘米的地区,画这些线条的动力可能是求雨。如果线条不指向任何特定的地方,并且只是偶尔应和星象,它们至少有可能被用在求雨仪式中。从石雕到纺织物,秘鲁到处都有动物形象,当地人相信动物的神奇力量可以左右人类的命运。比如,你知道蜘蛛是水的象征,蜂鸟代表繁衍吗?

　　在濒临毁灭的著名纳斯卡线条以北,秘鲁平原的一个地区直到最近才被开发。1984年,英国学者克莱夫·拉格

这些描绘动物形象的古代地面工程很少被称为迷阵，但从空中可以清楚地看到它们具有单一路径，有入口和出口。

尔斯（Clive Ruggles）决定去调查一些至少从空中看起来像一系列不相连的直线的线条。在地面上，他发现自己追踪的线条似乎是迷阵的一部分，绵延了4.4千米。有时道路突然急转弯，像缝纫机的轧线那样来回折腾。然而，他的实地调查被中断了，拉格尔斯（那时是考古天文学的学科带头人）直到2004年才有机会回到平原。

当拉格尔斯和他的研究伙伴尼古拉斯·桑德斯（Nicholas Saunders）一起回来时，他们打算走完这全部的一条或者数条线，他们走了150天。这条组成迷阵的单一路径非常清晰，两位专家认为他们可能是1,500年来走过这条路的第一人。这个地区未受侵扰的原因是相比纳斯卡线条的动植物地画，这些图案对游客没什么吸引力。从20世纪20年代起，人们就对那些包括鸟、猴子和鲜花的线条展开了调查，解释五花八门，包括求雨、求子和行星历法，还有众所周知的外星人之说。

拉格尔斯和桑德斯调查的那个不那么华丽而又非比寻常的迷阵可能是在纳斯卡中期——大约公元500年左右——制造出来的。这两位研究者希望通过走完全程来体会迷阵制造者的目的。很明显，很少有人走过这条路，或者说完全没人走过；可能一造完它就被遗弃了。他们得出的结论是，也许这类折线从来就不是给人走动的，它们一旦完成，对凡人的意义就结束了。蚀刻在沙漠中的清晰道路可能不是供人类通行的，而是为鬼神准备的。

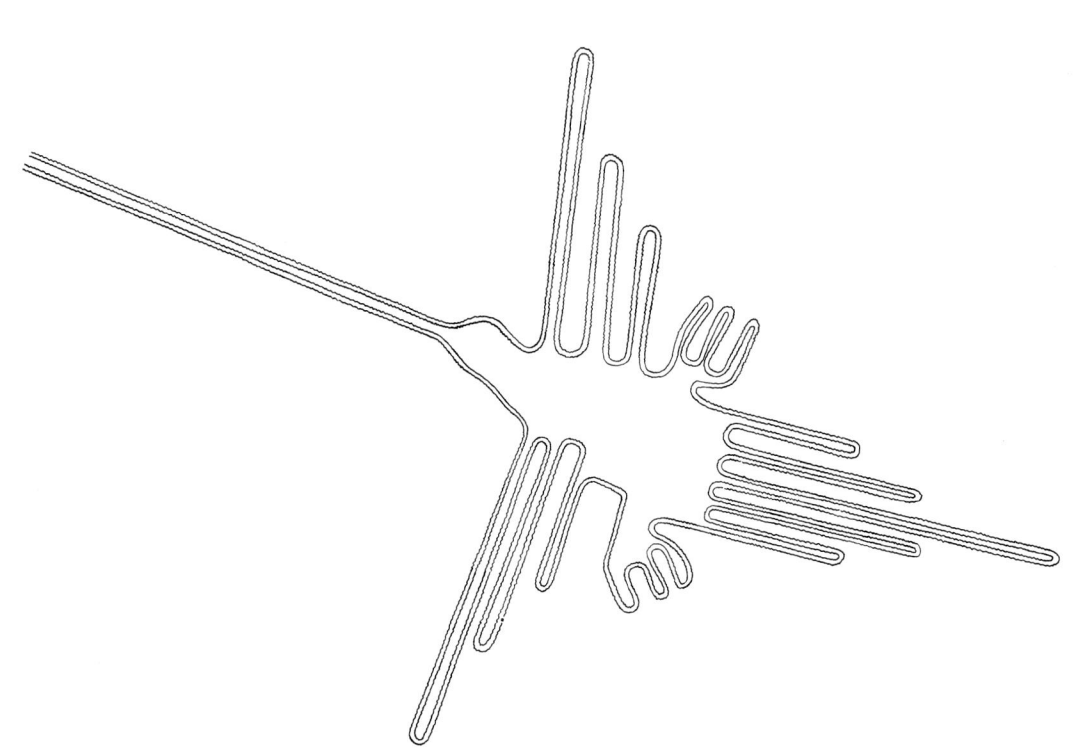

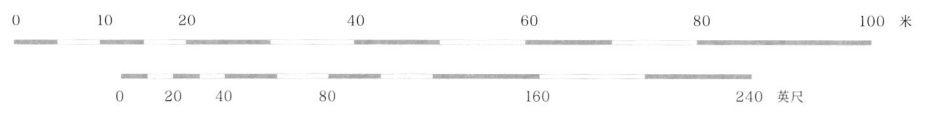

0 100 200 400 600 米

0 200 400 600 800 1600 英尺

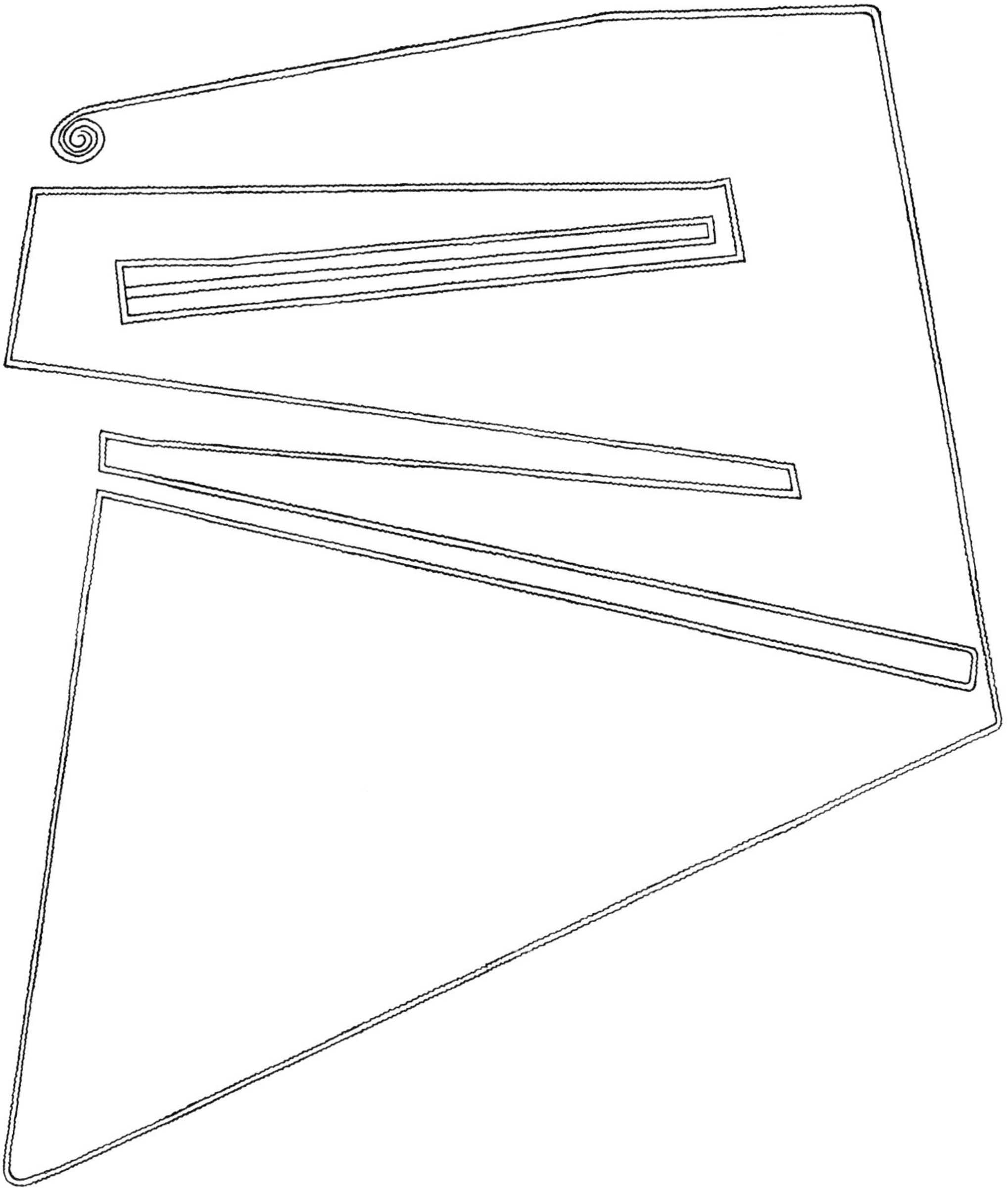

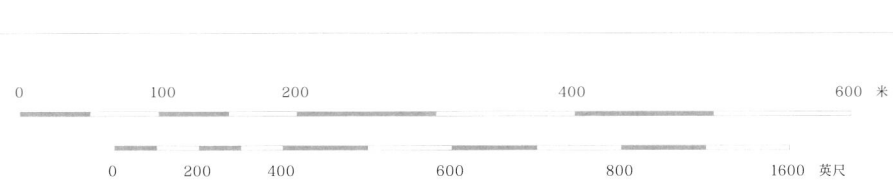

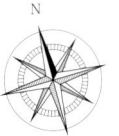

| 0 | 4 | 8 | 16 | 24 | 32 | 40 米 |

| 0 | 10 | 20 | 40 | 60 | 80 | 100 英尺 |

N

新和谐
NEW HARMONY

美国，印第安纳州，新和谐镇，新和谐迷宫
欧洲紫杉 | 1814年

石窟的外表粗犷而简陋，
内部则试图表达天堂的丰饶

最初的新和谐迷宫建于印第安纳州成立初期，是由一个德语宗教团体建造的。它虽然是一座迷宫，但一直被称为"新和谐迷阵"，是由同一团体分别在三个示范社区中建造的三座迷阵之一：和谐、新和谐和经纶。最后一个名字取自神圣经纶（他们相信耶稣基督的二次降临就在眼前），勤劳的和谐派以无论在哪里扎根都能迅速繁荣而闻名天下。他们的不婚主义更是受人瞩目，这在他们不可避免的消亡之前造成了一些不和谐因素。

迷阵的建造者是弗雷德里克·拉普（Frederick Rapp），他是和谐派的精神领袖约翰·乔治·拉普（Johann Georg Rapp）的养子。他利用自己在建筑、城市规划和会计方面的才能在西部边陲设计了体面的住宅和办公区域的规划，这里曾经是荒野，饱受战争的蹂躏。新来的美国人、原住民和革命后的英国人之间的冲突破坏了稳定，最终扰乱了和谐派——他们原本从宾夕法尼亚州搬过来，只得又搬走。他们每时每刻都在为基督的二次降临做准备，他们发现地点的改变有助于集中精神，甚至有可能成为这个伟大事件的催化剂。

弗雷德里克·拉普的城镇规划可能受到了基督城的影响。在17世纪早期的德国神学家约翰·瓦伦丁·安德里亚（Johann Valentin Andreae）的描述中，基督城是一座被高墙围起来并划分成一格一格的乌托邦。新和谐镇的树篱迷宫（2008年重建）带有神秘感和使命感，植根于一个树林和藤蔓构成的美丽花园中，到处都是果实和鲜花。这是一座新伊甸园，是在新大陆迎接上帝之子回归的理想之地。一个表面粗糙的圆形石窟矗立在它的中心。石窟内壁凉爽而光滑，据称它曾经刷着鲜艳的油漆，甚至镶嵌着宝石，试图在人间表达天堂的丰饶。

和谐派将这个迷宫作为一座新伊甸园，
最初种植了长满果实的灌木和花树，包括黑加仑、榛子和美国山茱萸。

| 0 | 0.5 | 1 | 2 | 3 | 4 | 5 米 |

| 0 | 1 | 2 | 4 | 8 | 12 英尺 |

帕福斯
Paphos

塞浦路斯，卡托帕福斯，帕福斯考古公园，忒修斯之家，
忒修斯和米诺陶马赛克拼贴
马赛克拼贴　|　公元100—200年

圣保禄（St Paul）和约翰·马可（John Mark）于公元45年前往塞浦路斯传播基督教，他们由准备回国的圣巴纳巴斯（St Barnabas）陪同。在塞浦路斯岛上，阿弗洛狄忒（Aphrodite）崇拜占据主导地位（据说她出生于塞浦路斯的海浪中），比起希腊人和罗马人，犹太人只占少数。也有基督徒为躲避可能在耶路撒冷受到的迫害而生活在这里。在正式拜见了塞浦路斯的罗马总督后，传教士们赢得了一位皈依者——罗马地方总督士求保罗（Sergius Paulus）。

尽管还要过四个世纪，才会出现第一位皈依的皇帝（君士坦丁大帝），基督教仍然得到了传播。在尼禄（Nero）大规模杀害基督徒的几十年前，罗马帝国的一位高官竟然以这种方式背弃了当时还是主流的异教，这似乎令人难以置信。其实当时的基督教被当作犹太教的支派，而犹太教是合法的。士求保罗时代的皇帝是克劳狄乌斯（Claudius），他通常会保护犹太人的权利——至少在罗马之外。

总督居住的塞浦路斯的帕福斯城，在接下来的四百年里繁荣昌盛，直到被公元432年和442年的地震摧毁。在门徒传教[1]一个世纪之后，总督府建成，装饰着华丽的马赛克拼贴，不过我们现在只能看到遗迹。一块块小方砖刻画出一幕幕经典传奇，在动荡的时代给人带来延续感和认同感。描绘忒修斯的马赛克拼贴迷宫在一座房屋的地面上，在1969年由波兰考古学家重新发现。

虽然设计类似后来中世纪的克里特式迷阵，但这座迷宫的七重回路确实有岔路，需要做出选择，因此它是一个迷宫。它也是一个华丽的图案，阿里阿德涅蜷曲的缎带（学名玑镂[guilloche]）更是锦上添花。英雄人物位于正中央，用清晰的文字标记，在米诺陶的家门口战斗。这是一种石窟，是文艺复兴时期树篱迷宫建造者们的最爱。尽管忒修斯不是天使，而且米诺陶代表恶魔，他们的故事仍将持久地在后世的各种迷宫中重演。

> 在这座早期的马赛克拼贴迷宫中，
> 忒修斯在石窟前与米诺陶决战，
> 这是后来的花园迷宫中
> 最受欢迎的主题。

1　根据多部基督教经典记载，耶稣升天之后，他的门徒开始周游世界各地，传播他的教义。

这个土墩上的紫杉螺旋掩盖了一个中世纪的垃圾堆，更像现代地形，而不是迷宫。

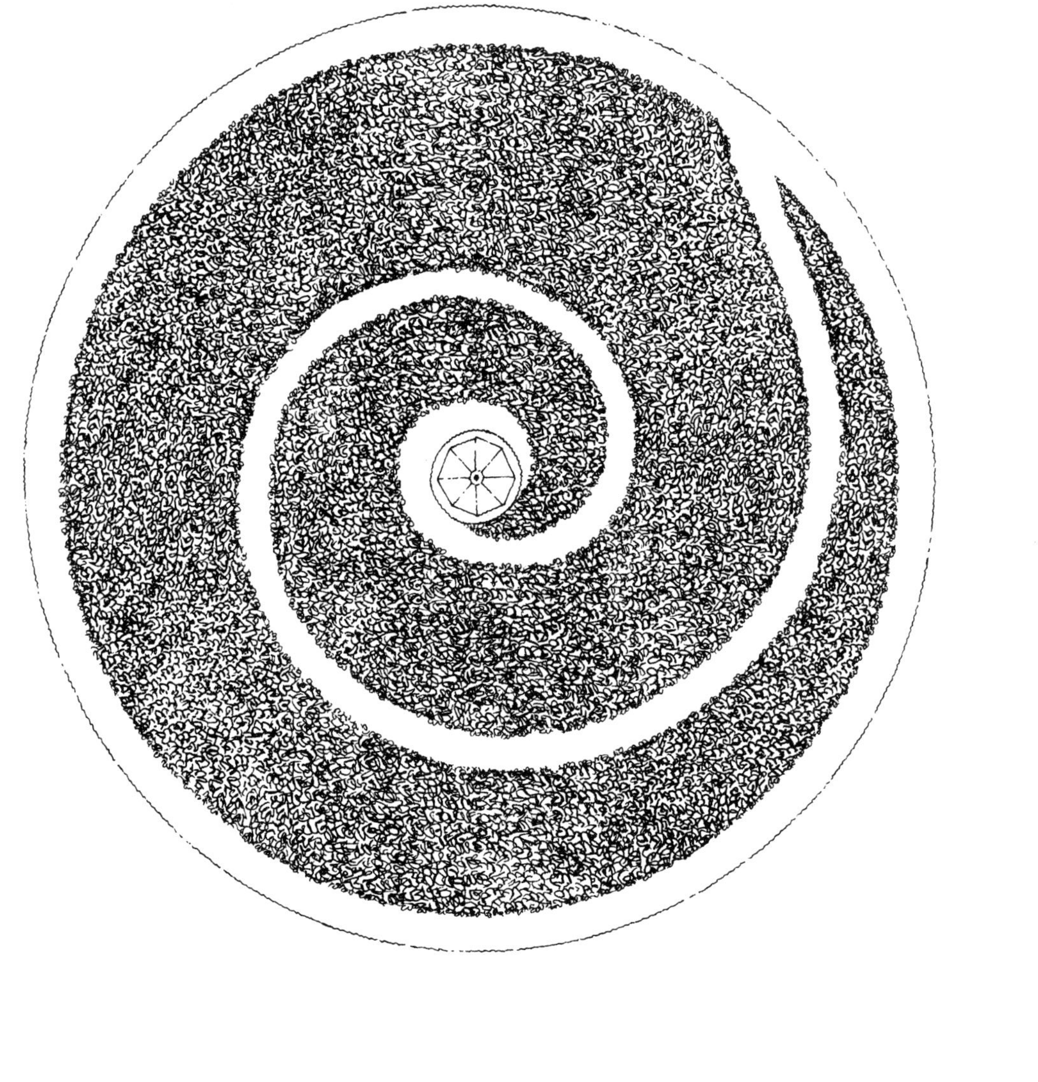

巴 黎
PARIS

法国，巴黎，国家自然历史博物馆，植物园
欧洲紫杉 | 1788年

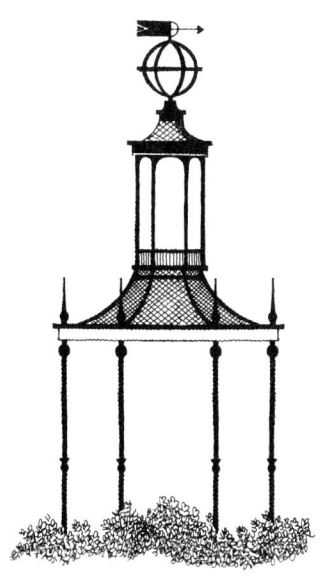

迷宫顶端是布冯凉亭，现在是一个摇摇欲坠的铁架子，
比埃菲尔铁塔早了一个世纪

在巴黎植物园里，螺旋形的紫杉小丘从形状上来看，更像沙之堡，而不是迷宫。在应该放贝壳或羽毛的顶端，是一个锈迹斑斑的凉亭，即著名的布冯凉亭。1788年，它由布冯伯爵（Comte de Buffon）的铸造厂制作，"凉亭"或者瞭望塔由五种金属制成，包括金子。最初它的顶上还有一个"鸣钟"，每天正午鸣响。

与某个时代[1]的许多迷宫一样，紫杉树上的蜗牛见证了多次入侵行为，包括大革命之前和之后。迷宫成了一个未经批准的秘密集会场所，充斥着酒精和咖啡，无论是贵族还是资产阶级的浪子们，都能在音乐、舞蹈和闲聊中找到共同兴趣。在被纳入路易十四（Louis XIV）的皇家药用植物园以前，它也有自己的故事。除了紫杉迷宫，土墩上还种植着一些珍稀植物，因为这种地形有利于排水，为一些植物提供了理想的生长条件；这里本质上是一个中世纪的垃圾堆，有大量石灰石和瓦砾。

今天的凉亭毫不起眼，但是迷宫（1999年在暴风雨中遭到严重破坏，2006年得以恢复）在夜晚会生动起来，有灯光和音乐。这是一个时代的遗物，那时的迷宫和迷阵还只是有益身心的娱乐的替代——后来它们才发展为专门的娱乐项目。这座迷宫解决了一个问题：它掩盖了垃圾堆，从而得以保留。别看小小的迷宫有这么悠久的历史，它现代感十足：它的动态形状得到了世界各地的景观设计师的呼应。然而，螺旋形的土墩通常不被认为是迷宫，顶多算一种地形。

---

1 即法国大革命。

皮萨尼
PISANI

意大利，斯特拉，皮萨尼别墅
锦熟黄杨 | **18世纪20年代**

智慧女神密涅瓦站在双重楼梯的顶端，
位于这座18世纪早期的迷宫的中心

意大利威尼托地区的皮萨尼别墅里有一座爱之迷宫，它是最美丽的古典迷宫之一，专为宫廷爱情的仪式设计。这种爱情游戏总包括一个神秘（蒙面）的贵族小姐，用迷宫中心石塔上的两座楼梯来表达她最终的选择。智慧女神密涅瓦（Minerva）站在塔楼顶上，俯瞰发生的一切；从这个制高点不难找到返回迷宫出口的路线。否则，皮萨尼别墅的黄杨同心圆可是出了名地难走。

这座迷宫位于帕多瓦和威尼斯之间的布伦塔河宽阔的河漫滩上，在18世纪20年代完工，甚至早于旁边宏伟壮观的宫殿。不到一个世纪之后，房子和花园就被卖给了拿破仑（Napoleon），他在这里住了一晚，在迷宫里迷路了，第二天就把整座房子传给了他的继子。

大约127年后，1934年，贝尼托·墨索里尼（Benito Mussolini）和阿道夫·希特勒（Adolf Hitler）第一次正式会面，会址选在了皮萨尼别墅。这里作为现代意大利皇帝出场的背景再适合不过了，尽管这个选择遇到了很多实际问题。几十年来它一直由国家管理，灯时好时坏，大理石浴池里的水直接来自阿尔卑斯山。纳粹造访期间恰逢蚊子肆虐，随后是一场暴风雨，终结了餐后的烟花表演。两位领导人之间的私下谈判进行得也不顺利。

午餐前有一个花园导览。希特勒想要走迷宫吗？不，他可没走。想想也是，我们无法想象元首会有探索花园迷宫的心情。墨索里尼在会面终于结束后抱怨："希特勒没有一丁点儿我们的拉丁气质。"

皮萨尼别墅的爱之迷宫迷住了拿破仑，
但没能吸引希特勒。

0　　4　　8　　　16　　　　24　　　　32　　　　　40 米

0　　10　　20　　　40　　　　60　　　　80　　　　100 英尺

N

| 0 | 0.25 | 0.5 | 1 | 2 | 3 米 |

| 0 | ½ | 1 | 2 | 4 | 6 英尺 |

庞 贝
POMPEII

意大利，庞贝城，迷宫之家
马赛克拼贴 ｜ 约公元79年

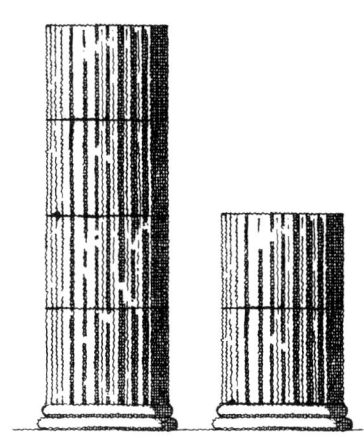

位于迷宫之家主客厅的马赛克地砖被十根科林斯式柱子环绕

所以庞贝城的迷宫之家叫这个名字，是因为在马赛克迷宫中心有一幅令人毛骨悚然的巨作，描绘了希腊英雄忒修斯赤身裸体地与米诺陶决斗。一群栩栩如生的看客为了挤到前面去，在累累白骨上推推搡搡，白骨是那些在忒修斯之前被送进迷宫，注定要送死的可怜雅典年轻人的遗骸。这个希腊故事的视觉呈现及其誓死战斗的场景，遍布整个罗马帝国。虽然希腊和罗马的神话很少一模一样，但是米诺陶传说中的元素从未改变，包括用希腊的童男童女献祭一个疯狂的怪物和杀掉怪兽的场面。

这幅画上还表现了米诺陶的监狱——一座被称为迷阵的迷宫，对此人们知之甚少。有证据表明克里特岛国王米诺斯在克诺索斯的王宫下面真的有复杂的房间和地下通道构成的网络。宫殿里有怪物吗？克诺索斯的壁画描绘了年轻女性从公牛身边拼命逃走。另外一些壁画则展示了从事某项运动的年轻人，可能是被胁迫也可能是自愿的：他们抓住公牛的角，当公牛猛冲过来的时候飞身跃过去。这些年轻人是谁，他们是这笔"交易"的一部分吗？

从那时起，艺术家为米诺陶赋予了感情。1885年，英国艺术家乔治·弗雷德里克·沃茨（George Frederick Watts）将他描绘成一个被关押在岛上的人，除了下一批来自雅典的童男童女，没有任何值得期待的。毕加索在20世纪30年代画的"另一个我"更为复杂：米诺陶是一个富有魅力的情人，细品一杯葡萄酒；一个胆小的偷窥者，抚摸熟睡女孩的手；一个强奸犯。他想和蔼可亲，又想随心所欲。从我们的角度来看，这种矛盾足够引人入胜。但在庞贝和其他地方，半人半兽的怪物等于色情狂的想法并不奇怪。米诺陶的食人癖足以定性他的怪物形象，确保了他的结局总是相同的。

萨弗伦·沃尔登

Saffron Walden

英国，埃塞克斯郡，萨弗伦·沃尔登，萨弗伦·沃尔登公园
草皮和砖 | 约1699年

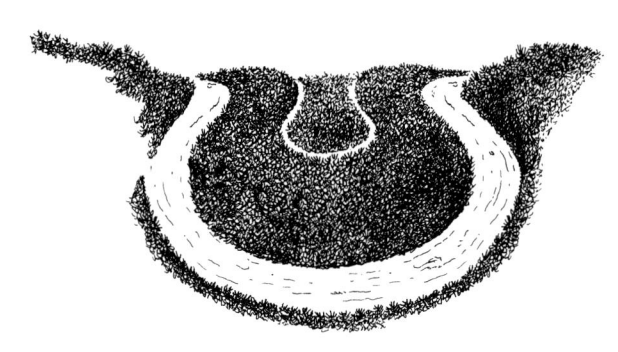

圆形迷宫外面是四个形状像马蹄铁的小丘，
被认为象征着英格兰东部的四座城市

从上空看，欧洲现存最大的草皮迷宫看起来仿佛一床绿色的羽绒被，窄窄的砖块连成的旋涡静静包裹着小山丘。在航拍技术成为可能之前，中间的那棵白蜡树早已消失，它在1823年的盖伊·福克斯之夜[1]被付之一炬。虽然这个迷宫的最早记录可追溯至1699年，但它也可能是附近一座更古老的草皮迷宫的复制品。它在19世纪经历了几次修剪，在1911年为了更好地保护路径被嵌以砖块。

我们可能永远不知道灵性主义者或异教徒们是否对草皮迷宫的起源有更好的解释，但是草皮迷宫的生存依赖频繁的使用，这样才有人修剪和维护它们。在莎士比亚时代之前，草皮迷宫只有一个似乎和宗教有关的用途，丰收仪式也好像使用过它们，但是有关记录同样模糊。草皮迷宫已经过时了，正如《仲夏夜之梦》（*A Midsummer Night's Dream*）里仙后泰坦尼亚（Titania）看到的那样："杂草乱生的曲径因为没有人行走，已经无法辨认。"

萨弗伦·沃尔登的草皮迷宫会在节日期间被粗暴地唤醒，成为酒鬼们欢聚的地方，然后被遗忘。有记载的一个特别的游戏是这样的，迷宫中心凸起的圆丘代表滑铁卢，其外围的小丘用它们面对的城市命名：剑桥、纽马克特、毕晓普斯托福德和切姆斯福德。人们在迷宫中赛跑，赌注就是啤酒。比赛时还增加了一些规则：不能摔倒，不能抄近道，不许踩草皮（路只有窄窄的一条）。

这种公平的比赛也被用在求婚中。只有求婚者不出洋相、不作弊地顺利抵达迷宫中心，他的求婚才会被站在中心的女子接受。更常见的是，过去的草皮迷宫被用作亲吻追逐游戏的场地：男孩如果能跑到中心且没有摔倒，就能亲吻女孩。迷宫的中心被称为"家"。

---

[1] 即每年11月5日的篝火之夜，最初为纪念火药阴谋的失败而设。——译者注

迷宫在节日期间被用来玩一种亲吻追逐游戏,
醉酒的小伙子试着在不摔倒的情况下走到迷宫中心的女孩身边。

神职人员们认为类似的法国中世纪教堂迷宫会让人分心，误入歧途，在大革命之后它们得以保全实数幸事。

圣贝尔坦
Saint-Bertin

法国，圣奥梅尔，圣贝尔坦修道院
砖石结构 ｜ 约1350年

圣贝尔坦修道院在法国大革命期间被拆除，
拆下来的石头被用在城市的新建筑物中

沙特尔大教堂的迷宫（见第22—23页）曾经取得了巨大的成功，在中世纪被传播到各地，那时候到处都有它的复制品，但这种镶嵌在地面上的迷宫能够保留下来的情况极为罕见。法国各地的教堂地面即使没有照搬沙特尔迷宫，也至少参考了它的结构：圣奥梅尔、桑斯、亚眠、欧塞尔和兰斯的大教堂都有相关档案记录。除了圣奥梅尔，其他教堂的建筑仍然存在，但中世纪的迷宫已经消失无踪。对神职人员来说，迷宫会让人分心而误入歧途，而对那些在法国大革命期间打砸抢烧的人来说，古老的迷宫就是高教会派的象征。1789年颁布了一项法案，规定教会财产立即交由"国家处置"，随后在1793年，所有公共礼拜活动都被禁止。

当拿破仑后来重新接纳天主教后，天主教又成了对国家有益的东西。在这种大环境下，老旧的圣贝尔坦修道院被下令拆除，结束了它与附近的圣奥梅尔大教堂多年的竞争关系。圣贝尔坦修道院有500年历史的建筑石材随即化身为新市政厅的基石。

这一切都没有给修道院南边配殿的迷宫留下任何生存机会。该建筑在20世纪20年代被描述为一座美丽的废墟，但在第二次世界大战中，附近的机场被用作纳粹德国空军基地，战争结束后，修道院的塔楼彻底倒塌了。这座迷宫的设计不同寻常，在沙特尔范式的基础上更方正且更复杂，幸运的是，它的设计有两个副本。在1533年，这个设计传到了比利时，在根特教堂的一间礼拜堂的地面上，这个几何图案被重置为长方形。1843年，就在修道院被拆除后不久，一个只有原型的一半大的复制品被制作出来。如今圣奥梅尔镇的游客们都能见证大教堂里展出的这个复制品——一个逃过了二月革命和两次世界大战的非凡幸运儿。

| 0 | 0.25 | 0.5 | 1 | 2 | 3 米 |

| 0 | ½ | 1 | 2 | 4 | 6 英尺 |

圣维塔莱
San Vitale

意大利，拉文纳，圣维塔莱大教堂
大理石 ｜ 16世纪30年代

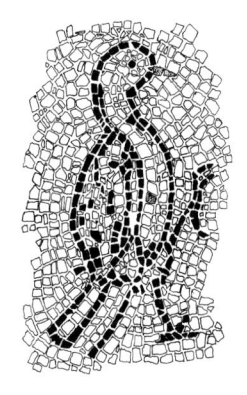

在拉文纳的圣维塔莱大教堂，地面上镶嵌着鸟、喷泉和花朵

作为更宏观设计的一部分，圣维塔莱大教堂穹隆顶下面的八边形与花园中花圃的形状遥相呼应。迷宫占据了八边形的一个角，是图像装饰的一部分。它的七重回路可能是出于审美考虑，更接近克里特式迷宫，而非中世纪迷宫（沙特尔之后的教堂迷宫有十一重回路）。圣维塔莱迷宫不符合这个特点，可能是因为它是16世纪地面修复的一部分。那时候，石头拼接技术已经非常成熟，墙壁和天花板上都铺满了华丽的彩色小方砖。地面图案可不能太简单。

现在我们将七重回路迷宫统称为"克里特式"迷宫，但在这个案例里不见得合适。在拉文纳建造圣维塔莱基督教教堂是为了远离罗马的影响；尽管首都后来又重返中心地位，但在帝国摇摇欲坠的日子里，罗马城中充斥着异教殿堂。在联合国教科文组织的世界文化遗产名录上，拉文纳有八座建筑榜上有名，但是没有任何一座能让人联想到异教神祇。不过，基督教建筑并不意味着死板和无趣。教堂隔壁的陵墓天花板上金色的星星和蓝色的天空美极了，美国作曲家科尔·波特（Cole Porter）表示自己就是在20世纪20年代看到这个天花板后产生了灵感，写出了《夜与日》（"Night and Day"）。

圣维塔莱的长老会辖区是拜占庭艺术的中心，墙壁和天花板上刻画了复杂交错的动植物。在地面上，这个迷宫的起点很明显在中心原点，因为箭头明确地指向它的出口。迷宫的单一路径直接指向八边形的中心，仿佛它是一个棋盘游戏的中心。目的是抵达中心并向上看。

这座著名的大教堂的地面仿佛一个复杂的棋盘游戏；
其中一角包含一个迷宫，箭头指引着游戏的方向。

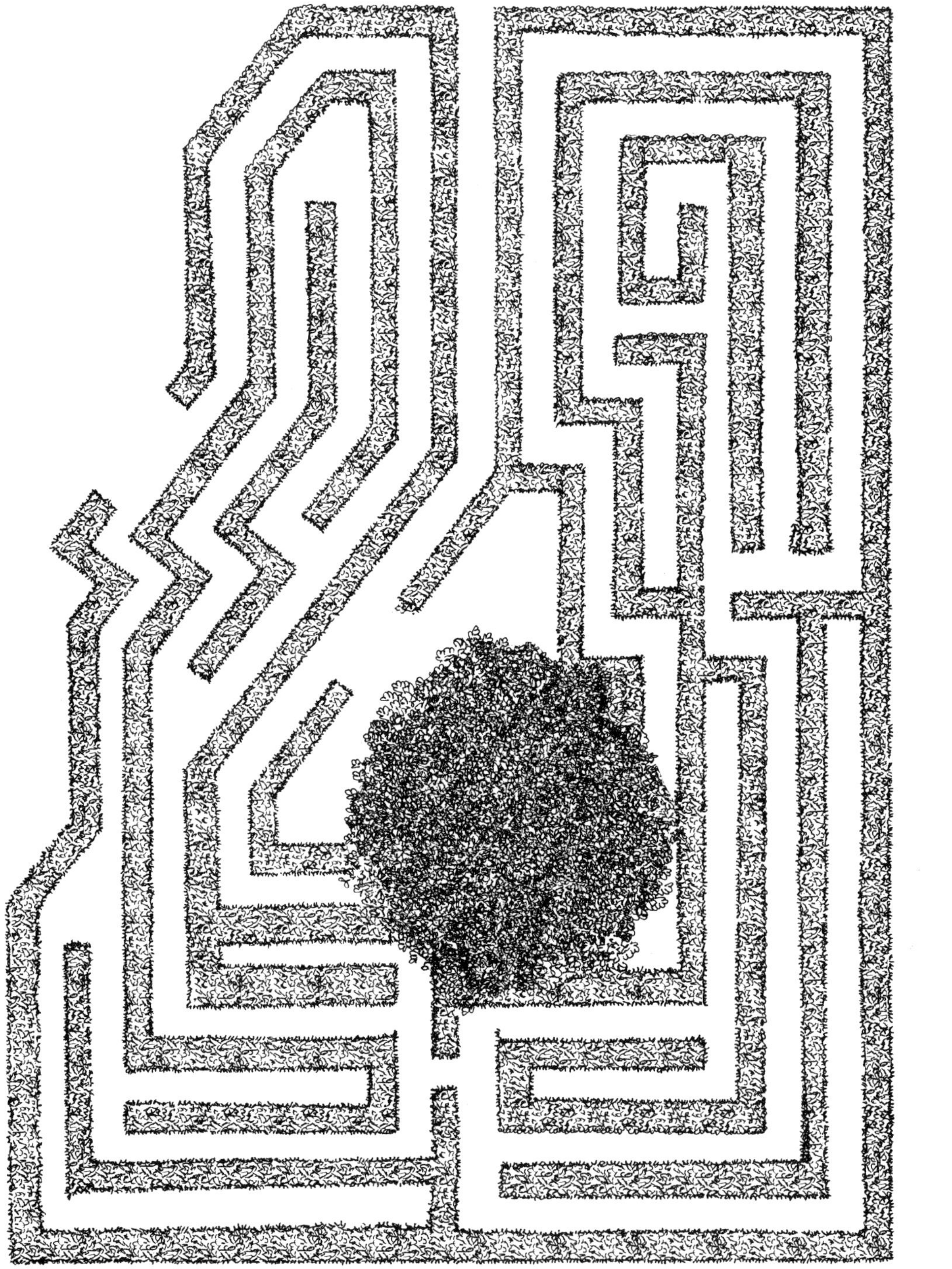

0　　　5　　　10　　　　　　20　　　　　　　　30 米

0　　10　　20　　　　40　　　　　　60　　　　　　80 英尺

美泉宫
SCHÖNBRUNN

奥地利，维也纳，美泉宫
欧洲紫杉 | 约1720年

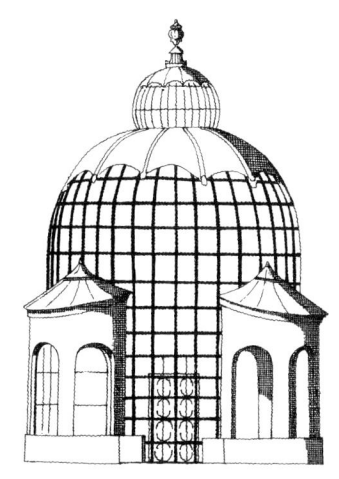

美泉宫里的鸽子屋，
是一座建于18世纪中期的奇特而实用的鸽舍

位于维也纳市郊的美泉宫的花园非常辽阔，建在一个从前的狩猎场上，每一边至少长1千米。背靠这座奥地利城市的哈布斯堡皇宫，眺望着由分布在不变景色中的古典象征构成的井然有序的世界。17世纪末，皇帝利奥波德一世（Leopold I）任命让·特雷赫（Jean Trehet）建造了我们今天看到的花园，特雷赫曾经在凡尔赛宫工作过，那时候他在传奇景观设计师安德烈·勒·诺特尔（André Le Nôtre）的手下。

这种规模的巴洛克风格花园必须有一座迷宫，美泉宫的第一座迷宫很可能就是在这一时期建造的。特雷赫主要设计了大花圃，特别是被称为"法国花园"的区域，迷宫就坐落在这里。18世纪中期，在女王玛丽亚·特蕾莎（Maria Theresa）的统治下，花园得到扩建和改良。1780年，她在生命快要结束的时候向公众开放了花园的大部分。她的法国丈夫弗朗茨·斯蒂芬（Franz Stephan）受到西欧启蒙思想的影响，在美泉宫建了植物园和动物园（即现在的维也纳动物园）。这个家族的下一任主人约瑟夫二世（Joseph II）引入了更多动物；当他在1780年接管皇宫时，花园的许多部分都面向公众开放了。

在19世纪，迷宫被忽视了。尽管在1809年遭遇拿破仑入侵，签订了丧权辱国的《美泉宫条约》（Treaty of Schönbrunn），哈布斯堡王朝仍苟延残喘。王朝的最后一位皇帝弗朗茨·约瑟夫一世（Franz Joseph I）是在位时间最长的一任统治者，他命运悲惨，他的弟弟被刺杀，他的独生子兼继承人自杀身亡，他的妻子也惨遭杀害。1914年，他的假定继承人弗朗茨·费迪南大公（Franz Ferdinand）在巴尔干地区被枪杀，引发了第一次世界大战。1916年，弗朗茨·约瑟夫去世。两年后，这个家族悄然离开了美泉宫。

1961年6月，肯尼迪夫妇与赫鲁晓夫夫妇在这座已被收归国有的宫殿中参加宴会，欣赏芭蕾舞演出。那时候，人们还希望柏林墙可以停止修建，结果两个月以后，柏林墙竣工。虽然维也纳曾经历过类似的分裂，英国人曾把美泉宫当作他们的指挥部，但盟军的所有占领部队在1955年全部撤离。迷宫在1892年被毁，到一个多世纪之后的1998年，迷宫复活了。现在美泉宫是联合国教科文组织颁布的世界遗产之一，是奥地利最热门的旅游景点，也是休闲娱乐的天堂：除了迷宫本身，这里还有一座互动式迷宫和一个名为"迷宫图标"的游乐场。

| 0 | 10 | 20 | 40 | 60 米 |

| 0 | 20 | 40 | 80 | 120 | 160 英尺 |

闪 灵
The Shining

美国，科罗拉多州，落基山脉，全景酒店
铁丝网、木头、欧洲紫杉 ｜ 1980年

"你跑不掉的，我就在你后面！"在斯坦利·库布里克（Stanley Kubrick）的电影《闪灵》（The Shining，1980年）中，陷入癫狂的杰克·尼科尔森（Jack Nicholson）大吼，他挥舞着斧头，在迷宫中跌跌撞撞。他的儿子——他的猎物——在紫杉树篱中奔命，这座宁静的花园在深夜变成了可怕的牢狱。斯蒂芬·金（Stephen King）的原著中的一些细微之处没有体现在改编电影里，而电影焕发了独特的生命力，也激发了更多的分析和评论。在电影的最后一幕，人物的设定非常贴近经典传说中的原型，加上原著里不存在的迷宫（不过原著里的植物确实会作怪），俨然在重演米诺陶的神话。

体贴、能干、被忽视的谢莉·杜瓦尔（Shelley Duvall，饰演温蒂[Wendy]）像极了阿里阿德涅，冷静地带着儿子找到了逃出迷宫的生路。但是狂魔杰克（杰克与其饰演的人物同名）在房间里注视着迷宫模型，全然掌握了母子俩的一举一动。在14个月的拍摄过程中，斯坦利·库布里克一直把这座迷宫的模型放在自己的拖车里，像他之前作为职业国际象棋选手那样构思情节。

摄影机稳定器的应用极大地改善了幽闭环境中压抑恐怖的视觉效果。稳定器的发明者加勒特·布朗（Garrett Brown）亲自操

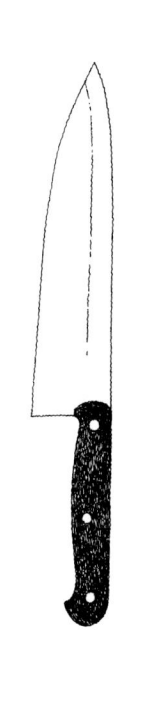

谢莉·杜瓦尔在《闪灵》中饰演的角色用一把刀做武器，抵挡了杰克·尼科尔森饰演的米诺陶挥舞的斧子

> 在14个月的拍摄过程中，
> 斯坦利·库布里克一直把这座迷宫的
> 模型放在自己的拖车里，
> 像他之前作为职业国际象棋
> 选手那样构思情节。

作这种新设备，采用"低机位"跟拍的方式拍摄了男孩骑着玩具车，在酒店里迷宫般错综复杂、无穷无尽的走廊中穿行的场景。同样的技术也被用在迷宫拍摄中：迷宫的隔墙是在缠绕着铁丝网的木制框架上插满紫杉树枝做成的，大约2.5米高，但因为采用了摄影机稳定器和大广角镜头，隔墙看上去比实际高了三分之一。除了特殊的摄影技巧，电影结尾的雪景戏还用上了泡沫聚苯乙烯和大量的盐，在30摄氏度的高温和甲醛的油烟中艰难完成。

迷宫的设计是巴洛克式的——与一座20世纪的科罗拉多州饭店似乎格格不入。这种设定是典型的库布里克式决定：电影场景和道具需要基于真实的图像资料或者实物来设计，而不能仅仅为了"吓人"。他的迷宫兼具复杂性和审美价值，是那种你能在一座18世纪的宫殿里找到的迷宫。坊间传说全景酒店的迷宫原型是奥地利的美泉宫（见112—113页），然而它们现在看起来一点儿也不像。美泉宫原有的迷宫在《闪灵》拍摄90年前就已经消失了。

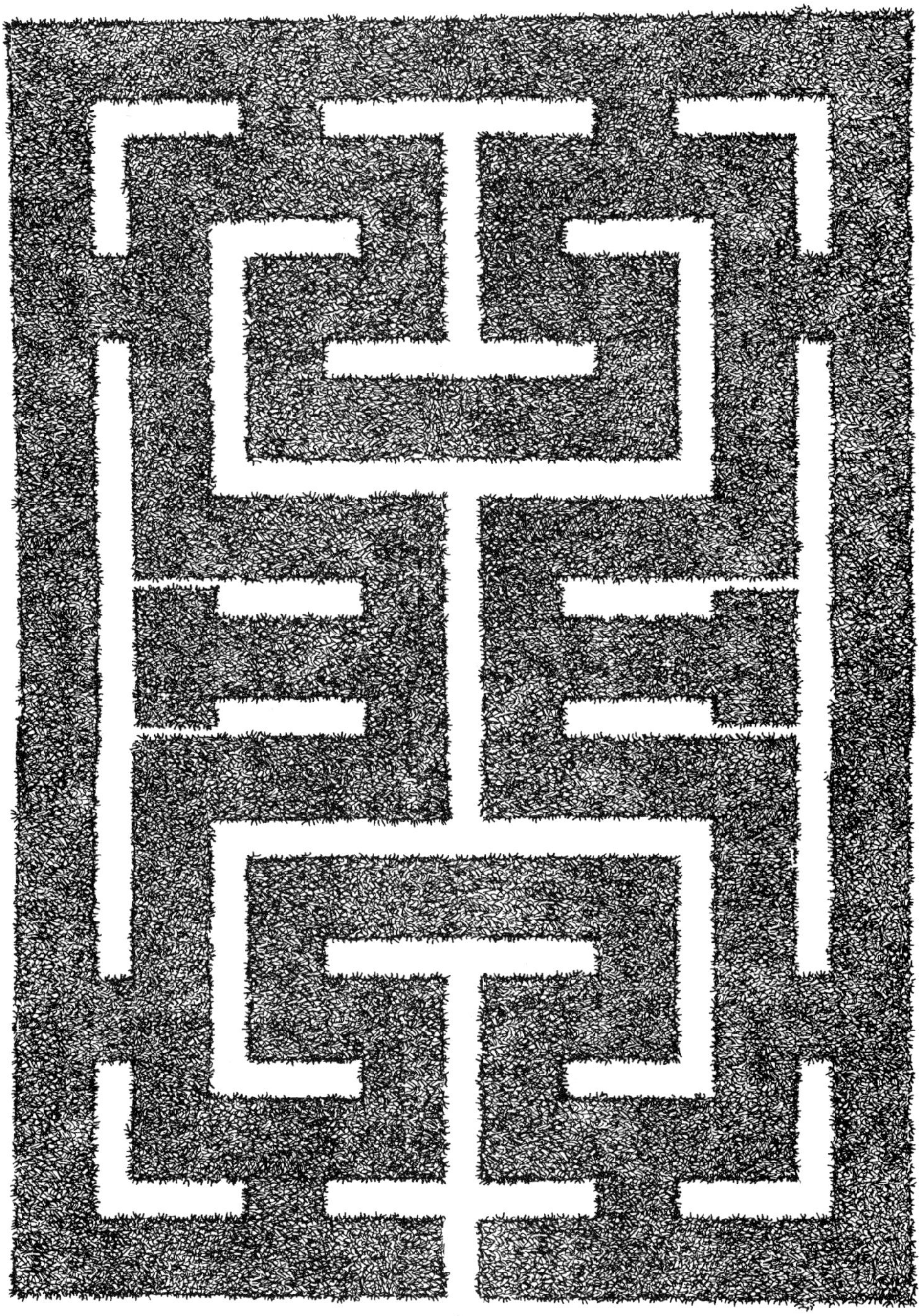

0   1   2   4   6 米

0   2   4   8   12 英尺

西尔维奥·佩利科
Silvio Pellico

意大利，蒙卡列里，西尔维奥·佩利科别墅
锦熟黄杨 | 1965—1968年

在西尔维奥·佩利科别墅花园的最高一层平台，
一对狮身人面像守卫着阶梯

> 罗素·佩奇的迷宫花圃为
> 整个庭院画上了休止符，
> 之后的风光由森林和远景接管。

20世纪20年代，英国景观设计师罗素·佩奇（Russell Page）曾在伦敦斯莱德艺术学校学习艺术。他毕业后很快就成了一名职业园艺师，他深信伟大的园林不仅具有良好的功能性，还能推动艺术的蓬勃发展。园林设计的理想目标应该是统筹考虑每一个组成部分，使其在整体上表现出"宁静而不张扬"的氛围。佩奇也用同样的文字形容了他在都灵附近的西尔维奥·佩利科别墅打造的花园。第一次实地考察之后，他就开始绘制设计图，并且随着之后的每次造访不断修改完善，两年之后，最终方案准备就绪。

时值20世纪50年代，佩奇已经在国际上确立了自己园林规划大师的地位。他在意大利尤其受到热烈追捧，因为那时他正与阿涅利家族（菲亚特集团的所有者）开始合作。这种良好的合作关系持续了很久而且硕果累累。佩奇在西尔维奥·佩利科别墅进行的第一项工程是拆除旧花园里的"冗余物"，这也是他的惯常做法。正如他在回忆录《园丁教育》（*The Education of a Gardener*，1962年）里所写，这一阶段的工程包括移除了一个"建在斜坡上的非常丑陋的菜园"，取而代之的是三层平台，用池水和鹅耳枥树丛装点，包括中心一面映照着天空的"水之镜"。

越过花园最低的平台，地势陡然下落。佩奇的方案是让人们从高处欣赏花园的美，他用树篱和石头组成的平行线条将人们的视线引向远处的阿尔卑斯山。从反方向回看宅邸，视觉效果同样富有冲击力：一条中轴线穿过花园中竖直和水平的线条，穿过光与影，跃上两道楼梯后来到大门前。迷宫花圃从视觉上强化了中轴线，其中设计了三条中心小径，象征花园的三个阶段。佩奇的设计理念是古典式的，却又不失现代性。和花园的设计一样，他的图案符合格式塔原理。然而，任何想要挑战迷宫的人都会发现这座迷宫很简单，一下子就能找到出路——这样设计，是不是担心真正的迷宫会破坏花园这宁静而不张扬的个性？

圣阿格尼丝
St Agnes

英国，锡利群岛，圣阿格尼丝岛，特洛伊城
石头放置在草皮上 | 1729年

尽管有了灯塔的指引，
从圣阿格尼丝迷阵的位置还是能看到失事的货船

在海边用石头摆成的迷阵与斯堪的纳维亚渔民密切相关（见隆德巴克，74—75页），他们认为这种迷阵可以困住恶灵，以保佑渔船免遭噩运或获得丰收。几个世纪之后，英格兰出现了更先进的安全措施，用明亮的灯塔保证过往船只的安全。德文郡和康沃尔郡的本地渔民熟知附近的暗礁分布，但是对那些满载着新世界宝藏的大型船只来说，这些暗礁可是致命的。

圣阿格尼丝岛属于锡利群岛，岛上的灯塔建于1680年。在石油被发现并应用一个多世纪前，灯塔的光源来自巨大的煤堆。坚固的灯塔俯瞰着恶名远扬的西岩岛礁群。尽管还是会有船只触礁，一艘邮船就曾险遭噩运，本杰明·富兰克林（Benjamin Franklin）在描述1724年他的首次英格兰之行时，曾提到多亏了圣阿格尼丝灯塔，这艘船的船员们才及时发现危险，避免了灭顶之灾。

当时灯塔由两个人负责：一个名叫阿莫尔·克拉克（Amor Clark）的灯塔管理员和他的儿子。据说后者建造了这座特洛伊城石头迷阵。迷阵的排布方式可能以北欧传统的特洛伊堡为蓝本，然而小克拉克如何掌握这个知识还是个未解之谜。也许当地的地貌和地形才是他灵感的源泉。这座小岛只有1.5千米长，无论在岛上还是海中，岩石左右了这两人生活的一切。保证水手们的安全是一项令人神经紧绷的任务，几乎让人崩溃。在1740年，一封满含愤怒的信寄到了灯塔岛，海员慈善团体的副会长在其中抱怨："在我看来你们都疯了！"克拉克父子离开灯塔后，这种紧张的氛围仍然困扰着圣阿格尼丝海岸。1809年，一名灯塔管理员杀死了他的同事并把尸体埋在了花园里；直到1848年，草草埋葬的骸骨才被工人发现。

在不列颠群岛的西南端,
因船只触礁遇难的水手们被埋在迷阵附近;
他们的霉运却给岛民带来了财运——沉船上的货物和财宝。

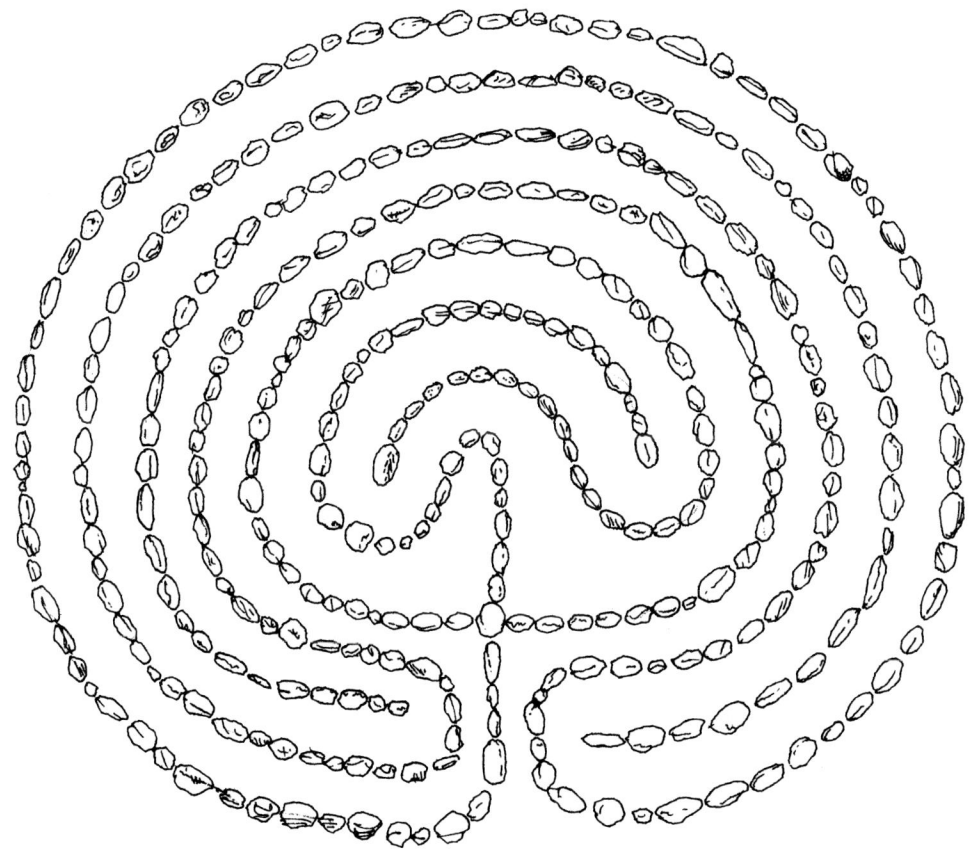

0 5 10 20 30 米

0 10 20 40 60 80 英尺

N

施华洛世奇
SWAROVSKI

奥地利,瓦滕斯,施华洛世奇"水晶世界"博物馆,手掌形迷宫
鹅耳枥 | 2013—2015年

施华洛世奇水晶工厂位于蒂罗尔山,绝大多数来这儿参观的人都是为了看水晶。他们想要亲眼看看如何切割水晶——大多是隔着玻璃参观——并且希望由此了解施华洛世奇的历史。大部分旅游网站的评论都是这种论调。其实,施华洛世奇还为它的拥趸们提供了意想不到的东西:艺术。

孩子们的直觉是可靠的:一个没有带孩子的游客用不了一个小时就参观完了,而一家人可以花上一整天玩得心满意足,花园和其中四层楼高的攀登架是此次旅行最闪亮的回忆。除了历史悠久的美泉宫(见112—113页),这里是奥地利最热门的旅游景点。

迷宫(和攀登架同属2013—2015年的花园扩建工程)也许是这里能够成功吸引游客的一个原因。迷宫仿佛一只绘有"法蒂玛之手"[1]的手,实际上这个图案的灵感来自安德烈·海勒(André Heller)的左手,他是这个引人入胜的水晶工厂的设计师。迷宫入口处的一块路标上写着:"请进!这是安德烈之手。"即使你并不知道安德烈是谁(一位歌手、诗人、演员和作家,他还有收入颇丰的兼职,比如景观设计),这只手仍让人觉得亲切和放松。不远处有一个阿尔卑斯巨人像,他的眼睛是水晶,舌头是流水,守护着一个神奇的地下世界——由海勒亲自策划的"奇迹宝库"。艺术家们在这里用作品呼应水晶。你听说过安迪·沃霍尔(Andy Warhol)在1978年创作的《宝石》(Gems)系列吗?它就在这里。布莱恩·伊诺(Brian Eno)1980年创作的《5,500万颗水晶》(55 Million Crystals)"超凡脱俗,绝无仅有"。不过,在托马斯·费厄斯坦(Thomas Feuerstein)的雕塑作品前,伊诺也会相形见绌:"雕塑《利维坦》(Leviathan)一方面指《圣经》中出现的海怪,另一方面跟托马斯·霍布斯(Thomas Hobbes)1651年出版的关于政府和国家的同名巨著有着微妙联系。"至于这座迷宫,你要么喜欢它,要么讨厌它。

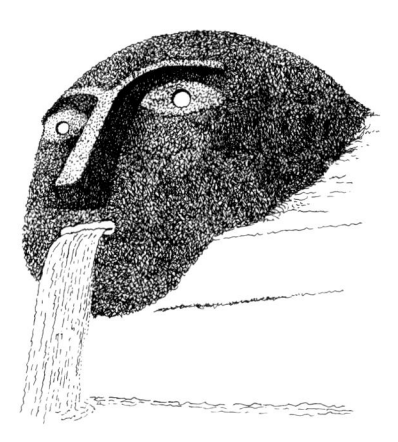

他的眼睛是水晶,舌头是流水,一个阿尔卑斯巨人守护着这个神奇的地下世界——"奇迹宝库"

---

1 "法蒂玛之手"(Hamsa)是一种手形护身符,常被犹太人和穆斯林使用,这个词的词根源自闪米特语,字面意思即"五"。

忒修斯、阿里阿德涅和米诺陶的传说千头万绪，
地面的马赛克拼贴将其娓娓道来。

0　　　0.5　　　1　　　　　　2　　　　　　　　　　　　4 米

　　　　0　　1　　2　　　　4　　　　　　　　8 英尺

忒修斯马赛克
Theseusmosaik

奥地利，维也纳，艺术史博物馆
大理石和石灰岩小石块 | 公元300—400年

阿里阿德涅与忒修斯私奔，一起乘船逃向雅典，船上扬着黑帆

这件忒修斯马赛克拼贴在1815年出土于靠近萨尔茨堡的罗伊格菲德的一个奥地利农场，是某个大型建筑群的一部分。除了普通乡村居所，考古学家还发现了浴室、地下供暖系统和一座神庙。人们认为这件马赛克作品（后来被运到了维也纳）制作于公元300—400年之间，属于西罗马帝国末期。它不仅是一件图案精美的地面装饰，还将千头万绪的米诺陶传说娓娓道来。

迷宫中心的男人手持利器刺向怪物的心脏，他也许是古典神话中最具代表性的人物了。但这仅仅是整个故事的一部分，迷宫周围还呈现了传说的其他场景。从图案的设计和排列来看，发生在刺杀怪物之前和之后的故事得到了平等的表现，没有主次之分。

在这个传说中，阿里阿德涅帮助希腊英雄忒修斯杀掉怪物，走出了迷宫。在忒修斯之前有很多人尝试过，但不是被怪物吞掉了，就是因为迷路而绝望地饿死在迷宫中。阿里阿德涅给忒修斯的线团是帮助他走出迷宫的关键。

自然，忒修斯干净利落地解决了牛头人身的"米诺斯公牛"——米诺陶（见对页）。

之后，阿里阿德涅与忒修斯私奔，一起乘船逃向雅典，船上扬着黑帆（见左图）。（船帆的颜色十分关键：忒修斯忘记了他曾答应父亲，如果他完成任务全身而返，就会扬起白帆。后来，他的父亲看到黑帆误以为忒修斯已死，悲伤自尽，忒修斯成了新国王。）

半路上，忒修斯、阿里阿德涅和同伴们在纳克索斯岛停靠，在那儿忒修斯抛弃了阿里阿德涅，驾船回到雅典。在另一幅马赛克拼贴里，阿里阿德涅目光警觉，笔直地坐着——肢体语言说明了一切。她想不通她的新未婚夫到底出了什么问题。古罗马诗人奥维德（Ovid）细致刻画了她的心思，此时她已经预感到了忒修斯将不得不接受那份命运强加的荣耀："也请说说我，被遗弃在这冷寂的海边。"

后面的故事没有在这组马赛克拼贴中得到表现。美酒与享乐之神狄俄尼索斯（Dionysus）出现在纳克索斯岛，迎娶了阿里阿德涅并送给她一顶用星辰做的王冠，使她长生不老，这就是"阿里阿德涅的王冠"。

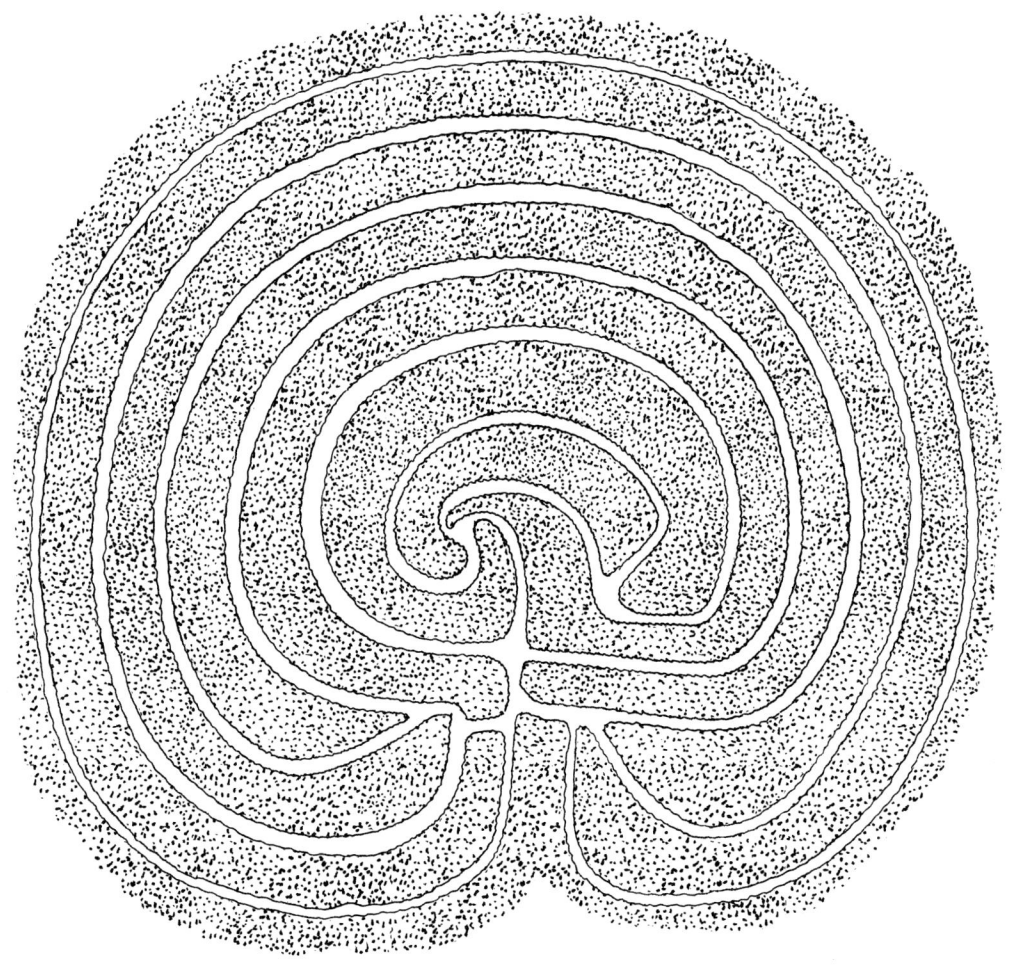

0   0.5   1   2   4 米

0   1   2   4   8 英尺

乌斯伽利玛
Usgalimal

印度，果阿邦，桑格乌埃姆次区，乌斯伽利玛（潘塞玛），乌斯伽利玛岩刻
硬红土　｜　早于公元前2万年

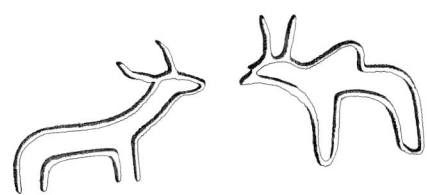

雨季的间歇期，狩猎采集者们雕凿的符号
显现在库沙瓦提河河岸上

世界上最有趣的一些史前遗址通常也是最脆弱的，它们的发掘往往跟现代房地产业的发展产生激烈矛盾。一片雕刻着史前岩画，俯览果阿海滨的高地如果没有政府的保护，可能早已荡然无存。印度有专门的预算保护历史遗迹，然而那些被打上"史前遗迹"标签的不算在内。根据学者约翰·卡夫的推测，乌斯伽利玛迷宫可能是印度现存最古老的迷宫，它没有官方网站、咖啡馆或停车场；它距离主路约1千米，只能通过一条蜿蜒的小路到达。

迷宫岩画属于雕刻在库沙瓦提河河岸岩石上的岩画群，靠近一处铁矿。硬红土表面的采矿钻孔让古代狩猎采集者们雕凿的孔雀和印度野牛图案岌岌可危。1993年，铁矿开采被叫停，考古学者们清除掉表面的泥土，发现整个岩画群占地超过4,000平方米。每年整个地区都会被季节性降雨带来的洪水淹没，变为河床的一部分。果阿邦最大的考古遗迹与河水的潮起潮落相融也许是幸运的，淹没在水中可能是最好的保护措施；部分岩画的复制品现在在帕纳吉市的果阿邦博物馆展出。

迷宫并不是欧洲人的发明，它是一种原始图案：可以象征子宫、人脑或宇宙。它也可以象征堡垒或军队阵型。七重回路曾经风靡全世界（包括在美国西南部发现的霍皮族迷宫），也可以联想到古印度的七脉轮（同样有"环形"之意）。公元前400年的印度史诗《摩诃婆罗多》（*Mahabharata*）讲述了俱卢族军队摆出的战轮阵型，书中的少年英雄激昂（Abhimanyu）经父亲指点，一路过关斩将攻入敌阵中心。但是毕竟年轻气盛，激昂没有考虑自己如何安全退出，最终被乱箭射死。

范·布伦
Van Buuren

比利时，布鲁塞尔，范·布伦博物馆
欧洲紫杉 | 1968年

为朋友爱丽丝·范·布伦设计迷宫方案一年之后，勒内·毕夏尔建造了"心之花园"，以纪念大卫·范·布伦

已故的勒内·毕夏尔（René Pechère）是比利时著名的景观设计师。当他接受委托，在布鲁塞尔郊区于克勒市建造一座花园时，他面对的是一块60米×30米的逼仄土地。这块地是一个斜坡，因被周围高大的树木遮蔽而显得阴沉。用一个法语词形容这里的土壤就是ingrat，贫瘠、乏味且干燥。设计这个项目需要费一番脑筋。毕夏尔的客户（也是他的老朋友）说她曾经做过一个梦，梦中毕夏尔为她建了一座迷宫。这让一辈子都对迷宫念念不忘的毕夏尔欣然受命。

实际上，建造迷宫也是一个非常合适的方案。毕夏尔可以按照土地的形状调整迷宫的设计；他可以使用对环境要求不高的常青植物；他还可以在迷宫中摆放雕塑，甚至可以委任雕塑家。爱丽丝·范·布伦（Alice van Buuren）给了毕夏尔极大的自由，两人之间的友谊和信任可见一斑。爱丽丝和她已故的丈夫大卫都曾是20世纪布鲁塞尔首屈一指的艺术品收藏家。这对夫妇自己建造的宅邸和花园就是装饰艺术风格的完美诠释。

目前，范·布伦宅邸是一座私人博物馆，夫妇的珍贵藏品分布在精心设计的房间中。一幅风格近似老布鲁盖尔（Pieter Bruegel the Elder）的16世纪油画《风景和伊卡洛斯的坠落》（*Landscape with the Fall of Icarus*）悬挂在现代主义风格的沙发上方。画面上的人们专注于手头的活，丝毫不被伊卡洛斯的宿命惊扰，任其在画面一角被海浪吞没。画面的主要位置表现了因耕田而犁出的环形痕迹，类似迷宫，其形状很像毕夏尔这块不被看好的土地。这幅画确实为毕夏尔提供了灵感，但范·布伦迷宫还致敬了《圣经·雅歌》：迷宫的7个节点各设有一座抽象派雕塑并伴有一行摘自《雅歌》的诗句，它们都是比利时抽象派雕塑家安德烈·维尔凯（André Willequet）的作品。

艺术品收藏家爱丽丝·范·布伦委托她的朋友勒内·毕夏尔建造了她梦中的迷宫。

| 0 | 5 | 10 | 20 | 30 米 |

| 0 | 10 | 20 | 40 | 60 | 80 英尺 |

N

这座未能问世的格拉纳达迷宫
仍可能成为克里特岛迷宫神话的最佳文化符号呈现,
就看是否有人愿意投资营建了。

维纳斯
Venus

西班牙，安达卢西亚自治区，格拉纳达市，维纳斯迷宫
各种常绿和落叶植物　|　1980—1990年

金星——天空中最明亮的星星——被放置在中心。
这座复杂的迷宫展现了太阳系中的行星们在各自的轨道上运行。

维纳斯，古罗马掌管爱情和欲望的女神，在古典神话中是一位麻烦制造专家。她插手人间事务，带来灾难性的后果，她激起无法企及的爱恋，在身后留下战争、自戕和谋杀。维纳斯怂恿帕里斯（Paris）和特洛伊的海伦（Helen of Troy）通奸，导致生灵涂炭，不过是她的一个小把戏。如果迷宫的中心是维纳斯而不是米诺陶，似乎一点儿也不奇怪。克里特国王米诺斯的王后帕西淮（Pasiphaë）深深迷恋上丈夫豢养的白色公牛，据说涅普顿是这桩罪行的幕后黑手，他是为了报复国王没有履行承诺，向他献祭这头公牛。不过，传说中海神是借维纳斯之手诱发了这扭曲的爱情。

古代诸神的名字一直以来与天体相同，克里特王后为她牛头人身的儿子起名为阿斯忒里翁（Asterion），取"星辰"之意。阿斯忒里翁和他的父亲及祖父（其实就是伪装成一头公牛的朱庇特[Jupiter]）都跟金牛座有关。金星是天空中最明亮的星星，象征美丽与爱情女神维纳斯，是金牛座的守护星。晨曦和黄昏地平线上方的粉色光晕也因维纳斯而得名，被称为"金星带"。西班牙艺术家拉斐尔·特雷诺·苏亚雷斯·德·莱佐（Rafael Trénor y Suárez de Lezo）设计的这座迷宫展现了太阳系中的行星在各自的轨道上运行。按照1∶3,000,000,000的比例，它们的位置关系和运行轨道用柏树篱笆表现。

这个为格拉纳达市设计的迷宫方案诞生于20世纪80年代，在20世纪90年代正式获得批准（原计划种植柏树、桃金娘、月桂树、柑橘树、无花果树和西班牙橡树），但是被下一届政府叫停。理由是迷宫会带来高昂的维护费用，还有安全问题该如何解决？游客可能会被抢劫，甚至面临更可怕的情况。艺术家指出：任何喧哗骚动都能让迷宫外面的人发现袭击者。不论是昂贵的冒险，还是优美的复杂，这座未能问世的格拉纳达迷宫仍可能成为克里特岛迷宫神话的最佳文化符号呈现。

比斯卡亚
VIZCAYA

美国，迈阿密市，椰林，比斯卡亚别墅（Villa Vizcaya）
锦熟黄杨 ｜ 约1922年

位于椰林的花园和巨宅看上去在镀金时代以前就早已矗立于此

在一座亚热带花园中，垂挂的苔藓缀以朵朵兰花；托斯卡纳色调的亭子错落有致，辉映着美国南方的天光；优雅的古典陈设经过精心布置和摆放，和花园的丛林气氛相得益彰……这就是比斯卡亚别墅，一处占地22公顷的庄园，紧邻迈阿密比斯坎湾沿岸。四位品位无可挑剔的人创造了这座美学乌托邦。遗憾的是，在竣工之际，除了出资人詹姆斯·迪灵（James Deering，1895—1925年），其他三人心生龃龉，分道扬镳。不久这位美国实业家就去世了，他听从医生的建议，选择佛罗里达州作为过冬的居所。

迪灵希望比斯卡亚有梦幻般的气氛，于是不惜花费巨资实现自己的梦想。花园和巨宅看上去仿佛在美国镀金时代以前就已矗立了几个世纪之久，其实是从沼泽中拔地而起的。迪灵与他的艺术总监保罗·查尔芬（Paul Chalfin）一起去欧洲购买古董，查尔芬通晓意大利语并且认识所有可靠的古董商，迪灵希望给旧大陆的宝藏一种新世界的视角。就在他俩不知疲倦地探讨美学话题时，建筑师小弗朗西斯·伯劳尔·霍夫曼（Francis Burrall Hoffman Jr）正为别墅的建筑忙碌着。他前后为这个项目投入了七年时光，再过五年，别墅才会宣告完工。花园的督建者是迭戈·苏亚雷斯（Diego Suarez），在托斯卡纳为英裔美籍客户服务的经历磨炼了他的水平。

虽然当时迷宫并非美国花园的元素，但比斯卡亚与众不同。这座迷宫与花园独特的新地中海氛围十分贴切。在环绕着巨宅的几座规整花圃之中，迷宫是展示庄园大量古典雕塑收藏的理想场所：健美的阿波罗、英俊的伽倪墨得斯、超级英雄赫拉克勒斯。令人欣慰的是遍布花园和宅邸的珍宝在迪灵死后依然保存完好。他的侄女们（继承了庄园）没有卖掉这些藏品，而是分片出售了其他土地。但也正是因为她们严重缺乏资金对庄园进行任何形式的翻修，靠近宅邸的花园中的迷宫逃过一劫。自20世纪90年代起，比斯卡亚庄园中的这座"地中海世外桃源"被小心地修复。它是美国最古老的生长至今的植物迷宫。

梦幻庄园中的这座新古典主义风格迷宫,是健美的阿波罗、英俊的伽倪墨得斯和超级英雄赫拉克勒斯的完美居所。

因安装地暖设施,教堂的地面被掀起,暴露出一些蜷曲在12世纪建造的墙基周围的中世纪遗骸。

韦克菲尔德
WAKEFIELD

英国，西约克郡，韦克菲尔德市，韦克菲尔德教堂
约克郡砂岩和拉兹比村砂岩 | 2013年

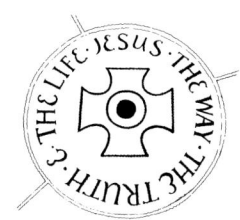

迷阵的设计包含两个小圆圈，
其中有十字架和箴言

尽管有四千年历史的积淀，地面迷阵还是能给古老的场所带来新意。圆的美学意义超越了时间，迷阵又能给人们带来灵性层面的和谐感。正值基督教会在调整自己适应现代世界以吸引更多信徒之际（或许大家都在寻找但是并不知道自己想要什么），无教派色彩的美丽迷宫深受人们欢迎。

韦克菲尔德大教堂位于英格兰东北部韦克菲尔德市中心的商业区。由于教堂还是一个演出场所，在地面迷阵修成以前，这里就深受人们喜爱。尽管观众只能坐在非常不舒服的教堂长椅上，音乐会仍然定期在幽暗的中殿举行。2013年，因安装地暖设施，教堂的地面被掀起，暴露出一些蜷曲在12世纪建造的墙基周围的中世纪遗骸。再次铺设的时候，新地面用开采于本地的奶油色和深红色砂岩镶嵌了一幅五重回路迷阵。新空间采用了可移动座椅，整个教堂仿佛能重新呼吸了；其实这样是还原了历史，在1500年以前，教堂中殿是没有固定长椅的。和从前一样，这片开阔的空间使人心生敬畏。

教堂迷阵仿佛在劝诫人们：放缓脚步。花时间步入一座迷阵（无论何地）表现出参与的意愿。在此处，一定程度的敞开心扉是大有裨益的。韦克菲尔德教堂的宣传部门形容这条迂回但平坦的约克郡砂岩道路为"净化、光明、合一"：一个从超然到沉思，到收获直至回归的大圆满过程。这种结合迷阵和灵修的理念来自旧金山的恩典大教堂，在那里，迷阵被用于静心行走和秉烛行走，受过训练的"迷阵引导员"极大地发掘了迷阵的作用，甚至还提供瑜伽课项目。因为这种源自法国沙特尔大教堂的地面迷阵设计深受人们喜爱，在恩典大教堂的花园里又建造了一座相同的迷阵。这样一来，踏上领悟之路的人们就可以避开上帝的居所了。

韦 恩
WING

英国，拉特兰郡，韦恩，老迷宫
草皮 | 公元800—1200年

韦恩是拉特兰郡的一个小村庄，
自建造草皮迷宫的全盛时期以来几乎没有变化

草皮迷宫也许是由丹麦人带到不列颠群岛的，但在其发祥地却慢慢消亡了。如今草皮迷宫在丹麦无一幸存，但是我们知道它们曾经存在于斯堪的纳维亚、德国和环波罗的海地区。在英格兰尚有八座草坪迷宫幸存，绝大多数位于东部地区——当年维京人的登陆之处。这是一个尚未得到解释且少有人知的课题，此外，距离遥远的英格兰西部也存在草皮迷宫，这一事实动摇了过于简洁的维京登陆点推论。无论这些迷宫源自哪里，直到最近这种迷宫还遍布东盎格利亚和林肯郡地区。

从语源学的角度来看，"草皮迷宫"这个说法是让人困惑的。它们其实是单一路径迷阵，不是迷宫。在英格兰，它们的昵称包括"特洛伊之墙"和"特洛伊城"——来自古希腊的故事。特洛伊似乎也深深扎根于丹麦人心中，丹麦语称其为"特洛伊堡"和"特罗里堡"。我们还不确定是不是古罗马人把草皮迷宫传播到全欧洲的；或许这些草皮迷宫是本地僧侣兴建的；它们甚至也有可能是铁器时代的遗存。我们能够确定的是，韦恩这座拉特兰郡的小村庄的记载最早见于12世纪，那时它的名字是Wenge，来自挪威语vengi，意为"土地"。在《皇家地名录》(*Imperial Gazetteer*，1870—1872年)中，这座草皮迷宫被形容为"非常古老"，沿着迷宫的一边隆起的一道土堆似乎能够佐证这个说法，它可能是一个古老的墓地或瞭望台。

这些遍布英格兰的土方工程有一个共同点：它们常常毗邻修道院。人们利用它们的方式进一步降低了它们的神秘感。除了忏悔的基督徒绕着迷宫转圈，这些迷宫也适合竞技运动。至于是喝多了，幼稚胡闹，还是出于运动精神，都取决于当时报道的细节。19世纪中叶的《莱斯特和拉特兰郡名录》(*Leicester and Rutland Directory*)用客观的语调描述了"教区宴会上村民们奔跑在一座古老的迷宫之中"。

| 0 | 1 | 2 | 3 | 6 | 9 | 12 | 15 米 |

| 0 | 5 | 10 | 20 | 30 | 40 英尺 |

词汇表

林荫道（allée）是人为规划的步道，这个术语在17世纪相当普遍，是大道（avenue）的前身。无论是否有行道树，林荫道都是大花园的一个标志，大花园的特点是拥有笔直的道路和树篱围墙。

考古天文学（archaeoastronomy）研究古代的天文观测，以及古人对天象的解释如何影响了他们的文化。它有助于研究巨大迷宫的意义和起源，例如只能从上空看到全貌的秘鲁的纳斯卡地画和萨默塞特的格拉斯顿伯里山。

仿生（biomorphic）图案模仿大自然中的生命形式，无论是植物还是人类。

另见"抽象动物"词条。

代达罗斯（Daedalus）是神话中的能工巧匠，他曾助力米诺陶的诞生（通过打造了一头木制的牛），建造了囚禁米诺陶的迷宫，还发明了翅膀。

另见"伊卡洛斯"词条。

地画（geoglyph）是在平坦大地表面创造的巨幅艺术品；它可能凸起或凹陷，这取决于其纹路是用石头堆起来的，还是通过掘地形成的。秘鲁的纳斯卡线条和不列颠群岛遍布的草皮迷宫是凹陷的地画，通过挖掘表层土壤形成图案。

目标（goal），即迷宫的中心。

另见"嘴巴"词条。

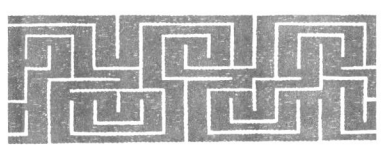

希腊回纹（Greek key）不仅是装饰性边框，还是马赛克拼贴迷宫和迷阵设计的基本要素。简单来说，这个设计先螺旋式地转向中心，再螺旋式地远离中心。如果图案为圆形，就形成了波浪。

伊卡洛斯（Icarus）与父亲代达罗斯一起逃离克里特岛的时候，因为飞得离太阳太近，（他的翅膀熔化）而掉进海里淹死了。他的性格鲁莽且麻烦重重，他的命运归咎于他拒绝把父亲的话当真。正如罗伯特·格雷夫斯（Robert Graves）重新编纂的古典神话中提到的那样，代达罗斯让儿子紧紧跟着他，不要选择自己的路。

绳结图案花园（knot garden）是用牛膝草、薰衣草棉、马郁兰等低矮灌木组成的中世纪装饰，图案复杂。这些图案可能构成一个小迷阵，通常只用于观看，人是走不进去的。

双刃斧（labrys）是一种用作仪仗的斧，它的象征意义与克里特岛密切相关，岛上有关押米诺陶的迷阵。双刃斧与古老的米诺斯文明有关，象征着母系女神的力量。

安德烈·勒·诺特尔（André le Nôtre）是设计凡尔赛宫布局的园艺奇才，由法国国王路易十四（Louis XIV）委任。在那里，他奠定了巴洛克式花园的标准，被17世纪和18世纪的欧洲其他宫廷沿用，其特点是呈放射状的宽阔大道和地面几何。

蜿蜒（meander）通常是一个动词，但在迷宫（和其他地理学）术语中，它变成了一个名词，表示回环往复。

米诺斯（Minos）是克里特岛残暴的国王，住在克诺索斯。他的命运与公牛联系在一起，因为他是欧罗巴（Europa）和宙斯（Zeus）的结晶——当时众神之王宙斯化身为一头白色公牛。后来，波塞冬（Poseidon）送来的白色公牛原来是米诺斯名义上的儿子米诺陶的生父。米诺斯要求雅典国王埃勾斯定期向米诺陶献祭雅典的童男童女。

迷宫的嘴巴（mouth）就是它的入口。

另见"目标"词条。

在多条路径（multicursal）迷宫中，有的路会把你引向错误的方向或者死胡同，在去路和归途中都会发生。
另见"单一路径"词条。

神圣几何（sacred geometry）源自对自然形态中的神性的信仰，这种信仰影响了人为设计。神圣几何可见于蜗牛壳或迷宫，小树林或大教堂的穹顶。

小方砖（tessera，复数tesserae）是马赛克拼贴瓷砖（切成方形），用于古罗马的马赛克地面和墙壁装饰。地面拼贴（*pavimentum tessellatum*）是一种使用大小相近、颜色不同的小方砖组成的地面图案。

单一路径（unicursal）指通向唯一目的地的唯一路径：它是迷阵的布局方式。

另见"多条路径"词条。

抽象动物（zoomorphic）图案来自动物的形象。

花圃（parterre）是绳结图案花园在法国的进阶版，可能参考了刺绣或装饰隔断的花纹。传统上用黄杨木打造，花圃被设计成水平面上规整的几何图案，通常在房子的窗户下面，这样就能从上方欣赏。除此之外，这些绿色植物还可以组成迷宫。

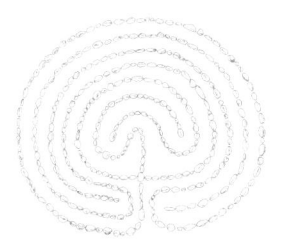

特洛伊城（Troy town）是草皮迷阵的古语，指古城特洛伊著名的迷宫城墙——防御工事的一部分。在波罗的海沿岸，迷宫又被称为Trojeborg、Trelleburg或Trojaburg，它们的词源与日耳曼语系的drah和trelle有关，意思是转弯或蜿蜒。burg即城镇或堡垒。

参考文献

书籍

Marella Agnelli, *Gardens of the Italian Villas* (New York, 1987)

Johann Valentin Andreae, *Description of the Republic of Christianopolis* [1619]

Michael Ayrton, *The Testament of Daedalus* (York, 1962)

Isabel Bannerman, *Landscape of Dreams: The Gardens of Isabel and Julian Bannerman* (London, 2016)

Jorge Luis Borges, *Labyrinths: Selected Stories and Other Writings* [1962] (Cambridge, MA, 2007)

John Amos Comenius, *Labyrinth of the World and Paradise of the Heart* [1623] (Mawah, NJ, 1997)

Dante, *Divine Comedy* [1472]

James Dashner, *The Maze Runner* (series; New York, 2009–)

Thomas De Quincey, *Confessions of an Opium Eater* [1821] (London, 2003)

Umberto Eco, *The Name of the Rose* (Boston, IL, 1980)

André Gide, *Theseus* [1946] (London, 2002)

Robert Graves, *The Greek Myths* (London, 1955)

Nathaniel Hawthorne, *Tanglewood Tales for Boys and Girls* [1853]

Thomas Hill, *The Gardener's Labyrinth* [1577] (Oxford, 1988)

Penelope Hobhouse, *Garden Style* (London, 1988)

Jerome K. Jerome, *Three Men in a Boat* (Bristol, 1889)

Hermann Kern, *Through the Labyrinth: Designs and Meanings over 5000 Years* (London, 2000)

Jack Kerouac, *On the Road* [1955] (London, 2000)

John Kraft, *The Goddess in the Labyrinth* (Turku, Finland, 1987)

Batty Langley, *New Principles of Gardening* [1728] (Andover, 2010)

Sig Lonegren, *Labyrinths: Ancient Myths and Modern Uses* (Glastonbury, 1991)

Gabriel García Márquez, *The General in His Labyrinth* [1989] (New York, 1990)

W.H. Matthews, *Mazes and Labyrinths: Their History and Development* [1922] (London, 1970)

David Willis McCullough, *The Unending Mystery: A Journey through Labyrinths and Mazes* (New York, 2006)

George Orwell, *Down and Out in Paris and London* [1933] (London, 2013)

Ovid, *Metamorphoses*, Book VIII

Russell Page, *The Education of a Gardener* [1962] (London, 1994)

Jean Plaidy (Eleanor Hibbert), *The Courts of Love: The Story of Eleanor of Aquitaine* (London, 1987)

Plutarch, *Life of Theseus* (ad 75)

Franco Maria Ricci, *Labyrinths: The Art of the Maze* (New York, 2013)

J.K. Rowling, *Harry Potter and the Goblet of Fire* (London, 2000)

Jeff Saward, *Magical Paths: Labyrinths and Mazes in the 21st Century* (London, 2002)

William Shakespeare, *A Midsummer Night's Dream* [1600]

Carol Shields, *Larry's Party* (London, 2010)

Iain Sinclair, *Lights Out for the Territory* (London, 1998)

Lemony Snicket (Daniel Handler), *The Reptile Room* (London, 1999)

Rebecca Solnit, *Wanderlust* (London, 2001)

Virgil, *Aeneid* (29–19 bc)

Virginia Woolf, *Mrs Dalloway* [1925] (London, 2000)

——'Street Haunting: A London Adventure' [1927] (London, 2013)

电影

Alice in Wonderland (Walt Disney Studios; 1951), adapted from Lewis Carroll's book of 1865

The Draughtsman's Contract (dir. Peter Greenaway; 1982)

Labyrinth (dir. Jim Henson; 1986)

The Lady from Shanghai (dir. Orson Welles; 1947)

The Man with the Golden Gun (dir. Guy Hamilton; 1974), adapted from Ian Fleming's book of 1965

Time Bandits (dir. Terry Gilliam; 1981)

Orlando (dir. Sally Potter; 1992), adapted from Virginia Woolf's book of 1928

Pan's Labyrinth (dir. Guillermo del Toro; 2006)

Perfume: The Story of a Murderer (dir. Tom Tykwer; 2006), adapted from Patrick Süskind's book of 1985

Porcile (dir. Pier Paolo Pasolini; 1969)

The Shining (dir. Stanley Kubrick; 1980), adapted from Stephen King's book of 1977

作者简介

安格斯·海兰德（Angus Hyland）毕业于皇家艺术学院，是伦敦五角星设计公司的合伙人。劳伦斯·金出版社出版过他的《象征》（*Symbol*，2011年）、《紫皮书》（*The Purple Book*，2013年）和《狗之书》（*The Book of the Dog*，2015年）。

肯德拉·威尔逊（Kendra Wilson）是一名记者，也是劳伦斯·金出版社出版的《我的花园是停车场和其他设计困境》（*My Garden is a Car Park and Other Design Dilemmas*）的作者。她与安格斯·海兰德的合作项目包括《狗之书》和《鸟之书》（*The Book of the Bird*，2016年）。

蒂博·赫拉姆（Thibaud Hérem）是一位活跃在伦敦的法国插画家。他的出版作品包括《给我画一座房子》（*Draw Me a House*，2012年）和《伦敦装饰》（*London Deco*，2013年）。

致 谢

作者希望感谢蒂博·赫拉姆惊艳且细腻的画作和他对植物的热情。还想感谢五角星设计公司的Charlotte Retief，劳伦斯·金出版社的Laurence King、Sara Goldsmith、Liz Faber、Blanche Craig、Nicolas Franck Pauly。感谢那些提供了宝贵意见和珍贵研究成果的人：花园博物馆的Christopher Woodward，Raimonda Lanza di Trabia，查茨沃斯庄园的Becky Crowley和Lucy Wharton，还有Charles Fox、Petra Hoyer Millar、Rafael Trénory y Suárez de Lezo、Erin Melani、Dylan Prieto Webster、Sarah Webster、Lucy Slater、Reed Wilson、Harvey Brook。最后，还要感谢William Powell。美泉宫迷宫由©Schloß Schönbrunn Kultur- und Betriebsges.m.b.H提供。

本书献给园艺师和景观设计师乔治·亚历山大·海兰德（George Alexander Hyland，1914—1988年）。

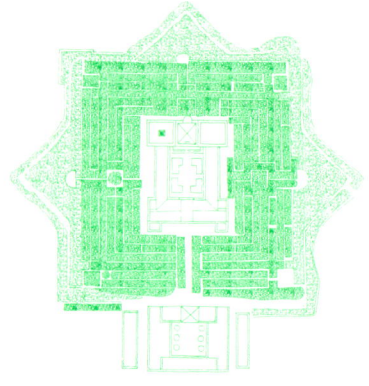

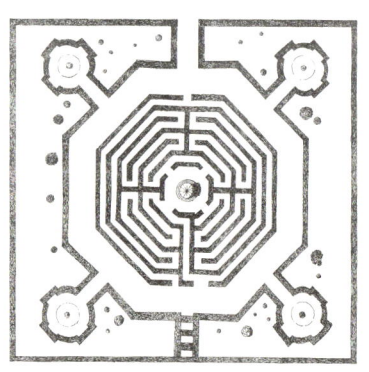

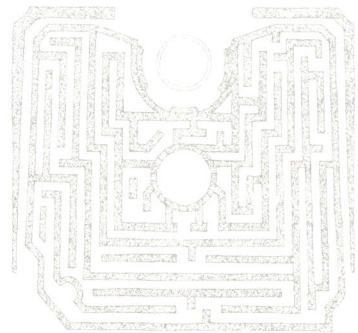

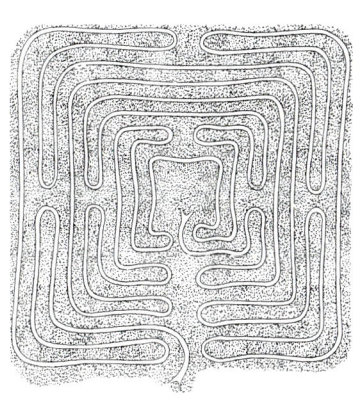

图书在版编目（CIP）数据

迷宫 /（英）安格斯·海兰德,（英）肯德拉·威尔逊著；（法）蒂博·赫拉姆绘；黄萌译. -- 北京：北京联合出版公司, 2023.6
ISBN 978-7-5596-6863-9

Ⅰ.①迷… Ⅱ.①安…②肯…③蒂…④黄… Ⅲ.①智力游戏—通俗读物 Ⅳ.①G898.2

中国国家版本馆CIP数据核字(2023)第067034号

Text © 2018 Laurence King Publishing
Angus Hyland has asserted his right under the Copyright, Design, and Patents Act 1988, to be identified as the Author of this Work.
Translation © 2023 by Ginkgo (Beijing) Book Co., Ltd.

The original edition of this book was designed, produced and published in 2018 by Laurence King Publishing, an imprint of The Orion Publishing Group Ltd, London under the title *The Maze: A Labyrinthine Compendium*. This Translation is published by arrangement with Laurence King Publishing Ltd. For sale/distribution in The Mainland (part) of the People's Republic of China (excluding the territories of Hong Kong SAR, Macau SAR and Taiwan Province) only and not for export therefrom.

本书中文简体版权归属于银杏树下（北京）图书有限责任公司
北京市版权局著作权合同登记 图字：01-2022-4336

迷　宫

著　　者：［英］安格斯·海兰德　［英］肯德拉·威尔逊　［法］蒂博·赫拉姆
译　　者：黄　萌
出 品 人：赵红仕
选题策划：银杏树下
出版统筹：吴兴元
编辑统筹：郝明慧
特约编辑：荣艺杰
责任编辑：夏应鹏
营销推广：ONEBOOK
装帧制造：墨白空间·张萌

北京联合出版公司出版
（北京市西城区德外大街83号楼9层 100088）
后浪出版咨询（北京）有限责任公司发行
北京盛通印刷股份有限公司印刷　新华书店经销
字数 95千字　787毫米×1092毫米　1/16　8.75印张　印数5000
2023年6月第1版　2023年6月第1次印刷
ISBN 978-7-5596-6863-9
定价：118.00元

后浪出版咨询（北京）有限责任公司　版权所有，侵权必究
投诉信箱：copyright@hinabook.com　fawu@hinabook.com
未经书面许可，不得以任何方式转载、复制、翻印本书部分或全部内容
本书若有印、装质量问题，请与本公司联系调换，电话010-64072833